كتاب الزيج الكبير الحاكمي

LE LIVRE

DE LA

GRANDE TABLE HAKÉMITE,

Manuscrit appartenant à la Bibliothèque de l'Université de Leyde, et prêté à l'Institut national par le Gouvernement Batave;

TRADUIT

PAR LE C.^{en} CAUSSIN,

Professeur de langue Arabe au Collége de France.

3130

A PARIS,

DE L'IMPRIMERIE DE LA RÉPUBLIQUE.

AN XII. ══ [1804. v. s.]

219

Extrait du tome VII des *Notices et Extraits des Manuscrits de la Bibliothèque nationale.*

كتاب الزيج الكبير الحاكمي

رصد الشيخ الامام العالم العلامة ابي الحسن علي ابن عبد

الرحمان بن احمد بن يونس بن عبد الاعلي بن

موسي ابن ميسرة بن حفص بن حيان *

LE LIVRE DE LA GRANDE TABLE HAKÉMITE,

Observée par le Sheikh, l'Imam, le docte, le savant Aboulhassan Ali ebn Abderrahman, ebn Ahmed, ebn Iounis, ebn Abdalaala, ebn Mousa, ebn Maïsara, ebn Hafes, ebn Hiyan. (1)

[Manuscrit appartenant à la bibliothèque de l'Université de Leyde, indiqué dans le Catalogue imprimé, *pag. 457,* sous le n.º 1182, et prêté à l'Institut national par le Gouvernement Batave.]

Par le C.^{en} CAUSSIN,

Professeur de langue Arabe au Collége de France.

LE titre seul de ces Tables fait connoître l'époque à laquelle elles ont été construites. Le calife Hakem, auquel elles sont dédiées, est le sixième prince d'une dynastie qui a gouverné

---

* *Kitab al zij al kebir al Hakemi rasad al Sheikh al Imam al alem al allama Abou'l Hassan Ali ebn Abd arrahman, ebn Ahmed, ebn Iounis, ebn Abd al aala, ebn Mousa, ebn Maïsara, ebn Hafes, ebn Hiyan.*

(1) Ce titre qui se trouve à la fin du manuscrit, est d'une écriture plus récente. Je l'ai préféré à celui qu'on voit au commencement, qui est également moderne, et qui renferme plusieurs fautes. On trouvera ce dernier ci-après, parmi les textes, n.º Ier

A

l'Égypte pendant près de deux cents ans, et qui est connue sous le nom de *Fathimites*. Son règne, qui commence l'an 386 de l'hégire [996-997 de l'ère vulgaire], finit l'an 411 (1) [1020-1021 de l'ère vulgaire] ; mais les observations consignées dans l'ouvrage, en fixent la date d'une manière encore plus précise. La dernière de ces observations est du 23 safar de l'an 398 de l'hégire [7 novembre 1007 de l'ère vulgaire] ; et c'est dans ce temps même que l'ouvrage doit avoir été composé, puisque Ebn Iounis ne survécut qu'environ six mois, comme on le verra tout-à-l'heure.

Un auteur Arabe qui a fait un Dictionnaire historique des grands hommes de sa nation (2), nous fournit sur Ebn Iounis quelques détails qui doivent naturellement trouver place ici.

Ebn Iounis étoit d'une famille distinguée par sa noblesse et son antiquité (3), et qui avoit produit, en divers temps, plusieurs grands hommes. Abou Saïd Abderrahman, son père,

---

(1) Ce prince, comme presque tous ceux qui ont régné en Orient, aimoit l'astronomie. Il avoit fait bâtir un observatoire, et avoit une maison sur le mont Mocattam, à l'orient du Caire, où il se retiroit quelquefois pour s'occuper d'astronomie. Il étoit né le 23 de rabi, l'an de l'hégire 375, à neuf heures de la nuit, au moment où se levoit le 27° du cancer. (Hist. du calife Hakem, tirée du Macrizi, et publiée en arabe par le C.^{en} Silvestre de Sacy, *pag. 74 et 103*.)

(2) Ebn Khalecan. *Voyez*, sur ce biographe, la Biblioth. Orient. de d'Herbelot, *pag. 984 et 985*.

(3) Cette famille étoit, selon plusieurs auteurs, originaire de l'Yémen, et descendoit d'Hâmyar, le père des Homérites, fils de Saba, arrière-petit-fils de Cahtan, qui paroît être le Joctan de la Genèse. Un individu de cette famille, sur le nom duquel on n'est pas d'accord, mais qui fut surnommé *Sadif* pour la raison qu'on va voir, et dont le surnom passa à ses descendans, quitta

sa patrie et ceux de sa tribu lors de l'inondation appelée سيل العرم *seil ald-ram*, l'inondation de âram, vers le milieu du 1.er siècle de l'ère vulgaire *, et se retira dans l'Hadramaut. Selon d'autres, le chef de cette famille étoit un brave qui n'obéissoit à aucun souverain. Un des rois Gassanides ayant envoyé vers lui quelqu'un, l'Arabe tua l'envoyé et s'enfuit. Le Gassanide mit à sa poursuite une troupe de cavaliers qui le cherchèrent inutilement ; tous ceux auxquels ils s'adressoient, répondoient : *Nous ne l'avons pas vu*; ou bien, *Il nous a quittés, Sadaf anna*, صدف عنّا. Depuis ce moment il fut appelé *Sadif*. Il s'attacha par la suite à la tribu de Kenda. Selon tous les généalogistes, la plus grande partie des Sadafites habite l'Égypte et le Magreb. Cette opinion sur l'origine des Benou Iounis n'étoit pas celle de l'historien Ebn Iounis, père de l'astronome. (Ebn Khalecan, *Ms. de la Bibl. nat. n.° 730, pag. 512 v.°*) *Voyez* les textes ci-après, n.° V.

---

* *Voyez* Eichhorn, *Monum. antiq. Hist. Arab.* pag. 152.

étoit fort instruit dans l'histoire, et avoit composé deux ouvrages sur celle d'Égypte (1). Son bisaïeul, Abou Mousa Iounis, étoit grand jurisconsulte, et fort versé dans les traditions, qui font une partie considérable du droit civil et religieux des Mahométans (2).

Ce fut le calife Aziz, père et prédécesseur de Hakem, qui engagea Ebn Iounis à se livrer entièrement à l'astronomie, et qui lui en facilita les moyens (3). Il passa toute sa vie à observer, et est regardé comme le plus habile des astronomes Arabes. Il réunissoit, outre cela, un grand nombre de connoissances: on remarque qu'il jouoit quelquefois de la guitare, et qu'il

(1) Ils étoient intitulés *Chroniques [Tarikh]*: l'une traitoit des personnes originaires de l'Égypte; l'autre, des étrangers. Ces deux ouvrages ont été continués après Abousaïd, et sont célébrés dans une élégie qui fut composée sur sa mort, dont voici quelques pensées:

« Diverses productions ont rendu ton » nom célèbre, ô Abousaïd! Tu as » goûté les douceurs de la vie, et tu » fais aujourd'hui couler nos larmes. » A quoi donc t'ont servi tant d'écrits » où brillent la vérité et la justesse! Tu » n'as pas cessé d'écrire l'histoire jus- » qu'au moment où tu devois toi-même » être inscrit dans ses fastes. Ta mort » est gravée dans mon cœur et sur mes » tablettes; peut-être un jour un ami » prendra le même soin pour moi. Tu as » élevé un monument à la mémoire de » nos grands hommes. Tu as publié les » vers qu'ont inspirés leurs exploits; » vers aussi mélodieux que le ramage » de la tourterelle qui gémit sous l'om- » brage. Tu as fait connoître les perles » précieuses, les hommes distingués: » leur gloire va se répandre au loin..... » Combien tu as acquis de droits à » notre reconnoissance! Mais, hélas! » tu te dérobes à nos regards. Ceux » qui brillent le plus sur la scène du » monde disparoissent bientôt; et la » mort n'épargne pas l'ami le plus ten- » drement aimé. » (Ebn Khalecan, pag. 160 v.º et 161.) Voy. les textes ci-après, n.º III.

(2) Il avoit été ami du célèbre Imam Shafeï, qui disoit de lui qu'il ne connoissoit personne qui eût plus d'esprit et de sagacité. Il exerça les fonctions de juge pendant soixante ans. Né en l'an de l'hégire 170 [786-787 de l'ère vulgaire], il mourut en 264 [877-78 de l'ère vulgaire]. Il fut enterré à Carafa, dans la sépulture des Sadafites ª. Son tombeau étoit encore célèbre du temps de l'historien Codhaï, mort l'an 454 de l'hégire [1062-63 de l'ère vulgaire]. On montroit encore, à la même époque, dans le quartier Sadac [*Khothat Alsadac* خطّ الصدق] ᵇ, la maison où il avoit demeuré; son nom y étoit écrit, avec la date de l'an 215. (Ebn Khalecan, pag. 512).

(3) Ce fut avec un instrument qui appartenoit au calife Aziz qu'il observa les hauteurs solsticiales, d'où il déduisit l'obliquité de l'écliptique de 23º 35'; et la latitude du Caire de 30º 4', comme on le verra dans le chapitre XI.

La première édition des Tables d'Ebn Iounis étoit dédiée au calife Aziz. *Voyez* le titre de cette première édition, tiré de Hajji Khalfa, parmi les textes ci-après n.º II; et le passage d'Abulfeda, ci-après, pag. 19, note 2.

ª Cette sépulture ou cimetière renfermoit 400 cobba, ou petites chapelles. (Le Macrizi, *Manuscrit de la Bibl. nat. n.º 680, pag. 345.)

ᵇ Peut-être faut-il lire encore ici *Sadaf.*

faisoit bien des vers : ceux qu'on nous a conservés, prouvent qu'Ebn Iounis, en chantant l'amour, ne perdoit pas de vue l'astronomie. Il s'y plaint tout à la fois et de l'absence d'un jeune homme, et de quelques planètes qui sembloient vouloir se dérober à ses regards.

Un historien fait ainsi le portrait d'Ebn Iounis. « Il étoit d'une » simplicité et d'une bonhomie extrêmes; souvent distrait et » préoccupé. Il portoit un grand bonnet, et rejetoit son man- » teau par-dessus son turban. Il étoit grand; et quand il sortoit » à cheval, on rioit de voir un homme aussi célèbre, vêtu » d'une manière aussi négligée (1). Il mourut la seconde férie, » 4 de shoual de l'an 399 de l'hégire [31 mai de l'an 1008 » de l'ère vulgaire] (2). »

(1) Comme il étoit question des dis- tractions d'Ebn Iounis devant le calife Hakem, ce prince raconta lui-même le trait suivant : « Ebn Iounis se présenta » un jour devant moi tenant à la main » ses sandales ; après s'être prosterné , » selon l'usage, il s'assit, et mit à côté » de lui ses sandales que je ne pouvois » m'empêcher de voir toutes les fois » que je le regardois, parce qu'il étoit » près de moi. Lorsqu'il voulut me » quitter, il se prosterna de nouveau, » prit ses sandales, les chaussa, et s'en » alla. » (Ebn Khalecan , *pag. 207.*) *Voyez* les textes ci-après, n.° IV.

(2) Abulfeda , Annales, *t. II, p. 619.*

وبها توفي علي بن عبد الرحمان بن احمد
بن يونس المصري صاحب الزيج الحاكمي
المعروف بزيج ابن يونس وهو زيج كبير في
اربع مجلدات وقيل ان الذي امر بعمله
الوزير ابو الحاكم

« Dans cette année (399 de l'hégire) » mourut Ali ebn Abderrahman ebn » Ahmed , ebn Iounis, du Caire, auteur » de la Table hakémite, connue sous le » nom de *Table d'Ebn Iounis.* C'est un » ouvrage fort étendu et en quatre vol. » On dit que ce fut le calife Aziz qui » ordonna à l'auteur de le composer. »

Dans un grand titre qui se trouve au *recto* du premier feuillet du manuscrit, mais qui est fort postérieur à l'âge de ce manuscrit, la mort d'Ebn Iounis est rapportée à la 3.ᵉ férie, 5 de shoual de l'an 349 de l'hégire. C'est une erreur grossière, puisque cet astronome ob- servoit encore en l'an 398. Selon ce même titre, Ebn Iounis fit ses observations dans le lieu appelé au Caire son *Observatoire*, près de Birket Alhabash. Le Macrizi parle effective- ment d'une hauteur appelée l'*Observa- toire*, qui dominoit sur Birket Alhabash, endroit qui, après avoir été un réser- voir, comme l'indique le mot *Birket*, avoit été converti en jardins, et où l'on avoit ensuite bâti. Je crois que c'est de cette hauteur dont il est question dans le titre du manuscrit. Le Macrizi dit, à la vérité, que le nom d'observatoire ne lui fut donné que lorsqu'Alafdal, fils de Bedr Aljémali, y eut fait établir une sphère armillaire, c'est-à-dire, plus de cent ans après la mort d'Ebn Iounis ; mais il est possible que ce lieu ait porté auparavant le nom d'observatoire : ce qui m'engage à le croire, c'est que l'instrument qu'Alafdal y fit placer n'y resta que fort peu de temps, comme on va le voir. Je crois donc que le nom d'observatoire donné à cette hauteur, tire son origine des observations d'Ebn

L'ouvrage d'Ebn Iounis est le plus considérable qui ait été composé en arabe sous le titre de *Tables*. Selon l'historien Iounis, comme l'annonce le titre qui est à la tête du manuscrit (*Voyez* ci-après, parmi les textes, n.° I.ᵉʳ); et peut-être aussi de l'observatoire du ca-life Hakem. (*Voyez* pag. 2, note 1.) Il ne faut pas omettre que la sphère d'Alafdal étoit placée au-dessus d'une mosquée, dans le grand Carafa, qui fut appelée, à cause de cela la *mosquée de l'Observatoire* (Le Macrizi, n.° 680, p. 332, v.ᵗ). Ce fut aussi dans le grand Carafa, et au-dessus d'une mosquée, qu'Ebn Iounis observa la plupart de ses éclipses, comme on le verra par la suite. Le passage du Macrizi concernant l'observatoire du Caire, est trop cu-rieux pour ne pas le rapporter ici. Le C.ᵉⁿ Silvestre de Sacy, qui en avoit traduit, avant moi, la plus grande partie, a bien voulu me communiquer sa tra-duction, dont j'ai profité dans plusieurs endroits. Je supprimerai les longueurs, des répétitions qui se trouvent dans l'auteur, et des détails quelquefois cu-rieux, mais qui n'ont aucun rapport à l'astronomie : on les trouvera dans le texte que j'ai fait imprimer en entier en faveur des amateurs de la langue Arabe, sur-tout de ceux qui ayant été au Caire, sont plus à portée d'entendre plusieurs de ces détails.

De l'Observatoire du Caire.

« Ce lieu est une hauteur qui domine » au couchant sur Rashida ᵃ, et au midi » sur Birket Alhabash; du côté du levant » c'est une plaine, et l'on y vient de » Carafa sans monter. On appeloit autre-» fois cette hauteur *Aljoref;* ensuite on » l'appela l'*Observatoire,* depuis que » Alafdal, fils de Bedr Aljémali, y eut » établi une sphère pour observer les » astres. Voici ce qu'on rapporte à ce » sujet.

» On apporta de Syrie, à Alafdal ᵇ, » environ cent Éphémérides, pour les » premières années du vi.ᵉ siècle de l'hé-» gire. Les astronomes du calife d'Égypte » en calculoient aussi, et avoient pour cela » un traitement fixe par mois. Tous les » ans chacun d'eux apportoit celles qu'il » avoit calculées. Alafdal les comparoit » avec celles qui venoient de Syrie, et y » trouvoit de grandes différences, ce qui » lui déplaisoit beaucoup. Au commen-» cement de l'an 513, lorsqu'on apporta » les Éphémérides, selon la coutume, » Alafdal fit assembler les astronomes, » les calculateurs et les savans, et leur » demanda la cause de cette différence. » On lui dit qu'elle venoit de ce que les » Syriens calculoient d'après la Table vé-» rifiée d'Almamoun ᶜ, et qu'en Égypte » on se servoit de la Table Hakémite, qui » étant plus moderne, devoit être meil-» leure. Les astronomes engagèrent en » même temps Alafdal à faire faire de » nouvelles observations pour donner » plus de certitude aux calculs; ils ajou-» tèrent que cette entreprise seroit fort » utile, et rendroit son nom immortel. » Alafdal goûta ce projet. On chercha un » lieu commode pour observer, et l'on » choisit d'abord une mosquée située sur

---

ᵃ Nom d'une mosquée et d'un ancien quartier hors de l'enceinte du Caire, du côté de Fostat. *Voyez* le Macrizi, article des *Mosquées* مساجد القرافة.

La mosquée avoit été bâtie par Hakem, et c'étoit Ebn Iounis qui avoit déterminé la position du mihrab. *Voyez* la Vie du calife Hakem, tirée d'Ebn Khalecan, et publiée par Adler, *pag.* 274.

ᵇ Fils du célèbre Bedr Aljémali, visir du calife Fathimite Almostanser. Alafdal succéda à son père dans la place de visir, qu'il occupa sous les califes Almostanser, Almostali et Alamer. *Voyez* sur Alafdal et sur le visir Albataïhi nommé ci-après, le Traité des monnoies Musulmanes, traduit de l'arabe du Macrizi par le C.ᵉⁿ Silvestre de Sacy, *pages 76 et 80, notes 146 et 155.*

ᶜ *Voyez,* sur cette table, la préface d'Ebn Iounis, et le chap. IV ci-après.

Abulfeda et Ebn Khalecan, il renferme quatre volumes. Les bibliographes l'indiquent tantôt en quatre et tantôt en deux

» le haut du mont Mocattam [a]; mais on » la trouva trop éloignée, et l'on convint d'établir l'observatoire sur le plateau du mont Aljoref et au-dessus de » la mosquée des Éléphans [b].

» On fit, près de cette mosquée, un » creux en terre, que l'on dressa avec » beaucoup de soin, pour servir de moule » au grand cercle, dont le diamètre étoit » de dix coudées et la circonférence de » trente. On établit à l'entour dix four- » neaux, dont chacun avoit deux souf- » flets : on mit dans chaque fourneau dix » à onze quintaux de cuivre, en tout » cent quintaux et une fraction, qu'on » distribua dans les fourneaux. On allu- » ma le feu dans la soirée, et l'on souffla » jusqu'à la deuxième heure du jour. » Alafdal se rendit le matin à l'atelier : » quand la matière fut prête, il donna » ordre d'ouvrir les fourneaux. Il y avoit » un homme à chaque, ils furent tous » ouverts au même instant, et le cuivre » coula comme de l'eau dans le moule. » Il étoit resté dans un endroit un peu » d'humidité ; lorsque la matière en ap- » procha, cet endroit creva, et le cercle » ne vint pas entier. Alafdal en fut pi- » qué ; mais celui qui étoit à la tête de » l'opération l'apaisa, en lui disant que » jamais on n'avoit entendu parler d'un » instrument aussi grand, et que quand » on recommenceroit dix fois la fonte,

» il n'y auroit rien d'étonnant [c]. Cepen- » dant elle réussit parfaitement à une » seconde épreuve. On fit ensuite un » compas de bois d'une forme singu- » lière [d] : on éleva au centre du cercle, » un massif de pierres creusé pour re- » cevoir le pied du compas, qui étoit » droit, et auquel tenoit une verge, aussi » en bois, garnie de fer, dont le bout » servoit à dresser la surface du cercle, » à justifier les côtés et à tracer les di- » visions. On alloit l'élever au-dessus » de la mosquée des Éléphans ; mais on » s'aperçut qu'on ne voyoit pas bien de » là le lever du soleil : on résolut de le » transporter à la mosquée Aljoyoushi, » qu'on appelle aussi *de l'Observatoire*. » Ce transport se fit sur des chariots : » on y employa beaucoup d'hommes, et » de machines qu'on fit venir d'Alexan- » drie et d'ailleurs. On plaça le cercle sur » la plate-forme de la mosquée, sur des » colonnes de marbre scellées en plomb » par en haut et par en bas. Au milieu » étoit encore une colonne de marbre » sur laquelle étoit l'axe scellé en cuivre, » autour duquel devoit tourner l'alidade : » on l'avoit d'abord faite en cuivre ; mais » comme elle étoit difficile à faire mou- » voir, on la fit en bois, l'axe et les ex- » trémités garnis de cuivre. Enfin, après » bien des peines et des travaux, on ob- » serva le soleil avec ce cercle [e]. On fit

[a] La mosquée du Fanal مسجد المنور derrière la citadelle. (*Voyez* le Macrizi, art. des *Mesjed* du petit Carafa.)

[b] Cette mosquée avoit été bâtie par Alafdal. On l'appeloit la *mosquée des Élé- phans*, parce qu'elle avoit, du côté de la Kébla, neuf dômes [cobba] surmontés de leurs lanternes, qui, de loin, ressembloient à des hommes montés sur des éléphans. (Le Macrizi, art. *Mosquées* ذكر الجوامع)

[c] Cet artiste se nommoit Ebn Carfa. On trouva qu'il avoit fait le cercle trop grand, et on le dit à Alafdal qui lui en fit

l'observation. Il répondit : « Si j'avois pu » faire un cercle qui s'appuyât d'un côté sur » les Pyramides, et de l'autre sur le mont » Mocattam, je l'aurois fait, car plus l'ins- » trument est grand, plus les opérations sont » justes. »

[d] Il paroît que c'étoit un compas à verge, comme m'a observé le C.[en] Lalande, qui a bien voulu me donner sur cela des éclair- cissemens sans lesquels je n'aurois pu rendre ce passage d'une manière intelligible.

[e] Ce cercle représentoit l'horizon, et ne pouvoit servir qu'à observer l'azimuth des astres. Il y avoit parmi les instrumens de

seulement (1). Je pense que le manuscrit de la bibliothèque de l'université de Leyde contient la moitié de l'ouvrage entier, et que, par conséquent, l'exemplaire complet n'étoit qu'en deux volumes (2).

» aussi un cercle plus petit, dont le diamètre avoit un peu moins de 7 coudées, et la circonférence 21; mais » avant qu'il fût achevé, Alafdal fut tué, » la nuit du 1.er shoual de l'an 515 *. » Almamoun Albataïhi étant devenu vi- » sir, voulut faire finir ce cercle, et » desira que les observations portassent » son nom comme les anciennes por- » toient celui du calife Almamoun. Il » donna ordre de transférer l'instrument » sur la porte du Caire appelée *Babal-* » *nasr*. On l'éleva d'abord sur la grande » plate-forme, ensuite sur celle qui est » au-dessus, et on le plaça sur des co- » lonnes, ainsi qu'il a été expliqué. On » observa avec le grand cercle, comme » on l'avoit fait sur la montagne de l'Ob- » servatoire, le mouvement du soleil » seulement. On s'occupa ensuite de » faire une sphère armillaire de cinq cou- » dées de diamètre. La fonte en donna » peu de peine en comparaison de celle » qu'avoient donnée le premier et le » second cercle. Le visir Almamoun » pressoit avec beaucoup de vivacité le » travail, desirant ardemment de donner » son nom aux observations; mais il fut » arrêté la nuit de la 7.e férie, 3 de ra- » madhan 519 b. Si Dieu eût voulu le » conserver encore quelque temps, on » eût observé toutes les planètes. Parmi » les fautes qu'on lui reprocha, on compta » l'établissement de cet observatoire, et » l'intérêt qu'il y prenoit. On prétendit

» qu'il aspiroit au califat, parce qu'il » vouloit donner son nom aux observa- » tions, plutôt que celui du calife Alamer » biahkam Allah. Le bas peuple disoit » qu'on avoit voulu converser avec Sa- » turne, et découvrir l'avenir; d'autres » disoient que c'étoit un instrument de » magie, et tenoient d'autres propos aussi » sots. L'arrestation du visir Almamoun » rendit inutile tout ce qui avoit été fait » jusque-là. Les instrumens furent bri- » sés, et portés au magasin par les » ordres du calife, et les ouvriers se » dispersèrent. » (*Voyez* les textes ci-après, n.º VI.)

(1) Je crois qu'Ebn Iounis a donné deux éditions de ses Tables: la première étoit dédiée au calife Aziz, le promoteur de l'ouvrage, et renfermoit quatre volumes; la seconde, dédiée au calife Hakem, successeur d'Aziz, étoit en deux gros volumes. (*Voyez* les titres de ces deux éditions, tirés de Hajji Khalfa, parmi les textes ci-après, n.º II.)

(2) Le Catalogue des Mss. Arabes de la bibliothèque de l'Escurial, indique, *pag. 363, sous le n.º 919, art. V*, un ouvrage intitulé *Astronomicæ institu-tiones*, qu'on attribue à Ebn Iounis, et qui, selon Casiri, seroit le second tome des Tables Hakémites en 4 volumes. La notice de cet ouvrage, qui ne paroît pas considérable, est trop abrégée pour que je puisse juger si c'est

Tycho, plusieurs quarts de cercle qui tournoient sur un horizon ou cercle azimuthal. On en voit un gravé dans l'Histoire de l'astronomie moderne de Bailly, *tom. I, p. 720.* Je pense que le cercle dont il est parlé après, devoit représenter le méridien, et que c'étoit au centre de ces deux cercles qu'on devoit établir la sphère armillaire.

* La mort d'Alafdal est rapportée comme

ici, à l'an 515, dans une courte notice sur le calife Fathimite Alamer, et dans une autre sur Almamoun Albataïhi, qui se trouvent dans l'ouvrage du Macrizi.

b Le manuscrit n.º 682 porte l'an 517; mais c'est une faute, comme on le voit dans l'histoire du calife Alamer biahkam Allah, *p. 454* du même manuscrit.

On ne trouve, dans ce manuscrit, aucune note qui indique dans quel temps il a été transcrit; mais la forme des caractères, l'état de vétusté de plusieurs feuillets, quelques endroits déjà presque effacés, me font penser qu'il peut avoir cinq ou six cents ans d'antiquité. L'écriture est nette, mais fine, et quelquefois difficile à déchiffrer.

Le titre de *Tables* indique que ce n'est pas ici un traité complet d'astronomie. L'auteur suppose que l'on a puisé dans Ptolomée la connoissance des principes de cette science; son but a été seulement de réunir tout ce qui est relatif à la pratique des observations, aux calculs, et à l'usage des tables, tant des tables astronomiques proprement dites, que des tables chronologiques et trigonométriques, auxquelles l'astronome est sans cesse obligé d'avoir recours. Son objet essentiel est encore de corriger les tables dont on faisoit usage de son temps, et d'en faire voir les erreurs. C'est dans ce dessein qu'il a rassemblé un grand nombre d'observations faites avant lui, et qu'il y a joint celles qu'il avoit faites lui-même, et d'après lesquelles ses Tables sont construites.

Le plan de cette notice sera celui même de l'auteur, que je suivrai pas à pas. Je donnerai en entier les chapitres qui pourront le mériter; Je ferai connoître seulement l'objet des autres, et j'en extrairai ce qui me paroîtra intéressant. La partie qui traite des ères et de la chronologie étant fort étendue, puisqu'elle occupe près du quart du volume, je n'en traiterai pas ici, pour ne pas interrompre la suite des matières astronomiques.

réellement une portion des Tables Hakémites.

· Le manuscrit arabe de la Bibliothèque nationale, n.° *1144,* qu'on annonce dans le Catalogue imprimé comme renfermant les Tables astronomiques d'Ebn Iounis, contient seulement les tables du soleil et de la lune de cet auteur, insérées parmi d'autres tables prises de divers astronomes. Ces tables font partie d'un ouvrage intitulé *Alzij Almes-* thalah الزيج المستطلح , qui paroît avoir été composé dans le XIV.ᵉ siècle de l'ère vulgaire. Le titre encore plus récent qui est à la tête, l'attribue à Ebn Iounis, apparemment pour lui donner plus de prix. C'est une supercherie dont les Orientaux se servent quelquefois vis-à-vis des Européens qui achètent des manuscrits sans les lire.

TEXTES

TEXTES

Des différens passages Arabes traduits ou extraits dans le morceau qui précède.

N.º I.er

TITRE qui se lit à la tête du manuscrit. (Voyez ci-devant pages 1, not. 1; 4, not. 2.)

كتاب الزيج الكبير الحاكمي (١) لابن يونس المصري رصك

بالالات الصحيحة الشيخ لامام العالم العامل العلامة فريد دهر

ورحيد عصره ابو الحسن علي ابن عبد الرحمان بن احمد

بن يونس بن عبد الاعلي بن موسي بن ميسرة بن حفص بن

حيان صعب جك عبد الاعلي الامام الشافعي رحمة الله عليهم

باسر امير المـــومنين ابو علي المنصور سلطان الاسلام الامام

الحاكم باسر الله بالمكان المعروف برصك بمصر بركة الحبش

وتوفي يوم الثلاثا لاربع خلون من شوال سنة ٣٩٩ رحمة الله عليه

وتوفي الحاكم بعك في شوال سنة ٤١١ مقتولا بحلوان (٢)

---

(1) Le mot حاكمي est mal placé dans le manuscrit, et se trouve à la fin de la ligne.

(2) Holwan, village à quelques lieues au-dessus du Caire, sur le bord orien-
tal du Nil. *Abulf. Descr. Æg. ed. Mi-chaelis,* pag. 3 de la version Latine. Sur l'assassinat du calife Hakem dont il est ici question, *voyez* sa Vie publiée par Adler, *pag. 278.*

B

N.º II.

TITRES de l'ouvrage d'Ebn Iounis, tirés de Hajji Khalfa.

زيج ابن يونس ابو الحسن علي بن ابي سعيد المنجم كتبه للعزيز
ابو الحاكم في اربع مجلدات (١)

زيج الكبير الحاكمي رصد الشيخ الامام ابي الحسن علي بن
احمد بن يونس وهو مجلدان ضخمان

(1) Ce titre, que je crois appartenir à la première édition des Tables d'Ebn Iounis, dédiée au calife Aziz, se lit dans le catalogue des livres de la mosquée Alazhar, sans autre différence que quelques fautes de copiste aisées à corriger. La seconde édition, dédiée au calife Hakem, est aussi indiquée dans le même catalogue. Ces deux articles, et plusieurs autres, me font croire que ce catalogue n'a pas été inconnu au bibliographe Turc Hajji Khalfa, et qu'il en a tiré une bonne partie de son ouvrage.

Le catalogue des livres de la mosquée Alazhar, que je viens de citer, appartient à la bibliothèque de l'Arsenal, et m'a été communiqué par le C.ᵉⁿ Silvestre de Sacy. Ce manuscrit, resté jusqu'à présent inconnu, est un monument précieux pour la littérature orientale, et une nouvelle preuve de la multitude des ouvrages composés par les Arabes sur toutes sortes de sujets. Il renferme, par ordre alphabétique, les titres d'environ vingt mille ouvrages.

En parcourant les dates qui s'y trouvent, et qui sont vraisemblablement celles de la mort de quelques auteurs, je n'en ai point trouvé de plus récente que celle de l'an 1050 de l'hégire [1640 de l'ère vulgaire], qui est celle du commentaire de l'ouvrage intitulé حلبة الابرار *Holbet el-Abrar.* Je présume que ce catalogue a été rédigé peu après cette époque. Voici donc un monument incontestable qui atteste qu'il existoit encore, il y a tout au plus un siècle et demi, auprès de la grande mosquée du Caire, une bibliothèque d'environ vingt mille volumes. Cette bibliothèque existe-t-elle encore! n'en pourroit-on découvrir au moins quelques restes! Que sont devenues les bibliothèques des autres mosquées! C'est aux savans qui sont actuellement en Égypte, à nous donner la solution de ces questions, bien propres à piquer la curiosité de ceux d'entr'eux qui entendent l'Arabe.

N.º III.

Passage du Dictionnaire historique d'Ebn Khalecan, cité ci-devant page 3 , ibid. note 1.

ابو سعد عبد الرحمن بن ابي الحسن احمد بـــن ابي

مــوسي يونس بن عبد الاعلي بن موسي بن ميسره بـن

حفص بن حيان الصدفي احدث المورخ المصري كان

خبيرًا باحوال الناس ومطلعًا علي تواريخهم عالمًا بما يقوله جمع

لمصر تاريخـين احدها وهو الاكبر يختصر بالمصريين والاخر

وهو تاريخ صغير يشتمل علي ذكر الغربا الواردين علي مصر

وبما اقصر فيها وقد ذيلهما ابو القسم يحيي بـن علي الحضرمي

وبني عليهما وهذا سعيد المذكور وهو حفيد يونس بـن عبد

الاعلي صاحب الامام الشافعي رضي الله عنه والناقل لاقـواله

الجديدة وسياتي ذكره في حرف اليآ ان شا الله تعـالي وكانت

وفاة ابي سعيد المذكور يوم الاحد ودفـن يوم الاثنين لست

وعشرين ليلة خلت من جمادي الاخرة سنة سبع واربعـين

وثلثمايه رحمه الله تعالي وصلي عليه ابو القاسم بن حجـاج

ورثاه ابو عيسي عبد الرحمن بن اسماعيل بن عبد الله بن

سليمان الخولاني الحباب المصري النحوي العروضي بقوله

» بثيت علمك تصنيفا وتقريبا

وعدت بعد لذيذ العيش مندوبا »

» ابا سعيد (١) وما ماوال (٢) ان نشرت

عنك الدواوين تصديقا وتصويبا »

» ما زلت تلهـج بالتاريخ تكتبه

حتي رايناك في التاريخ مكتوبا »

» ارخت موتك في ذكري وفي صحفي

لمن تورخني (٣) ان كنت محبوبا »

» نشرت عن مصر من سكانها علما

مجحلا (٤) بجمال القوم منصوبا »

(١) Au lieu du prénom *Abou Said*
qui se trouve ici et ailleurs, on lit dans
les titres de cet article et du suivant,
Abou Saad.

(٢) ماوال pour مال *V.* Gol. rac. آل

(٣) تورخني je lis بورخني

(٤) مجحلا je lis مجحلبا *monjaliyan.*

* كشفت عن فخرهم للناس ما سمعت

ورق الحمام علي الاغصان تطريبا *

* اعربت عن درر خده وعن نجب

سارت مناقبهم في الناس تنقيبا *

* انشرت ميتهم حيا بنسبته

حتي كان لم يمت اذ كان منسوبا *

* ان المكارم للاحسان موجبة

وفيك قد ركبت يا عبد تركيبا *

* حجبت عنا وما الدنيا بمظهرة

شخصا وان جل الاعاد محجوبا *

* كذلك الموت لا يبقي علي احد

مدي الليالي من الاحباب محبوبا *

والصدفي بفتح الصاد والدال المهملتين وبعدهما فا هذ
النسبة الي الصدف بن سهل وهي قبيلة كبيرة من حمير نزلت
مصر والصدف بكسر الدال واما فتحت في النسب كما قالوا

في النسبة التي نمن نمري وهي قاعدة مطردة (١) وتوفي ابو عيسي

عبد الرحمن صاحب الابيات المذكوره في صفر سنة ست

وستين وثلثمايه رحمه الله تعالي والله اعلم

N.º IV.

Passage d'Ebn Khalecan, cité ci-devant page 4.

ابو الحسن علي بن ابي سعد بن (د) عبد الرحمن بن احمد

بن يونس بن عبد الاعلي الصدفي المنجم المصري المشهور

صاحب الـزيج الحاكمي المعروف بزيج بن يونس وهو زيج كبير

رايته في اربع مجلدات بسيط القول والعمل فيه وما اقصر في

تحرير فلمار في الازياج علي كثرتها اطول منه وذكر ان الذي

اقره بعمله واسداه له العزيز ابو الحاكم صاحب مصر

وسياتي ذكره في حرف النون ان شا الله تعالي وقال الامير

المختار المعروف بالمسبحي في تاريخ مصر كان ابن يونس

---

(1) Ebn Khalecan fait remarquer ici que l'on dit *Sadif*, avec la voyelle *i* après le *d*, tandis que le nom dérivé ou patronimique [الاسم المنسوب] est *Sadafi*, avec la voyelle *a* au lieu de l'*i*. C'est une règle générale pour ces sortes de noms. *Voyez* la Grammaire Arabe de Martelotto, *p. 91*, ou celle de Guadagnoli, *pag. 163*.

(2) Je crois qu'il faut supprimer ici le mot *Ebn*.

المذكور ابله متغفلا يعتم علي طرطور طويل ويجعل رداه
فوق العمامة وكان طويلا واذا ركب ضحك الناس لشهرته
وسوء حاله ورثاثة لباسه وكان له مع هذه الهيئة اصابه بضيعته
غريبة في النجامة لا يشاركه فيها غيره وكان احد الشهود وكان
مننا في علوم كثيرة وكان قد افني عمره في الرصد والتسيير
والمواليد وعمل منها ما لا نظير له وكان يضرب بالعود علي
جهة التادب به وله شعر حسن فمنه

٭ احمل (١) سير الريح عند هبوبه

رسالة مشتاق ناي عن حبيبه ٭

٭ بنفسي (٢) من يحيي النفوس بقربه

ومن طابت الدنيا به وبطيبه ٭

٭ لعمري لقد عطلت كاسي بعك

وغيبتها عني لطول مغيبه ٭

٭ وحبده وجدي طايف في الكري

سري موهنا في خفية من رقيبه (١) ٭

وله شعر وقد تقدم ذكر والك في حرف العين وهو صاحب

التاريخ وسياتي ذكر جك في حرف اليا ان شا الله تعالي

ويحكي ان الحاكم العبيدي صاحب مصر قال وقد جري

في مجلسه ذكر ابن يونس وتغفله دخل اليّ يوما ومداسه

في يك فقبل الارض وجلس وترك المداس في جانبه وانا اراه

واراها وهو بالقرب مني فلما اراد ان ينصرف قبل الارض

وقدم المداس ولبسه وانصرف واما ذكر هذا في معرض

غفلته وقلة اكتراثه وقال المسيحي كانت وفاته بكرة يوم الاثنين

لثلاث خلون من شوال سنه تسع وتسعين وثلثمايه فجاه

رحمته الله تعالي

---

(1) « Je donne à porter au vent les
» messages d'un amant éloigné de l'ob-
» jet qu'il aime. Je lui confie mes sou-
» pirs vers celui dont le retour donne
» la vie aux ames, et dont la présence
» réjouit le monde. Ma coupe aban-
» donnée n'est plus couronnée de fleurs
» depuis son absence ; et ce qui aug-
» mente mon chagrin, les astres qui
» partagent mon amour, disparoissent
» au milieu de la nuit pour échapper
» à l'œil qui les observe. »

N.º V.

N.º V.

ابو موسي يونس بن عبد الاعلي بن موسي بن حفص

بن حيان الصدفي المصري الفقيه الشافعي احد اصحاب

الشافعي رضي الله عنه والمكثرين في الرواية عنه والملازمة له

وكان كثير الورع متين الديـن وكان علامـة في عـلم الاخبار

والصحيح والسقيم لم يشاركه في زمانه في هذا احد

واختلفوا في اسم الصدف وقيل هو مالك بن سهيل بن عمرو

بن قيس هكذا قاله القضاعي في كتاب الخطط وزاد السمعاني

في كتاب الانساب هذا النسب فقال الصدف بن سهيله

بن عمرو بن قيس بن معاويه بن حشم بن عبد شمس بـن

وايل بن الغوث بن حيدان بن قطن بن غريب بن زهير بن

ايمن بن هميسع بن حمير بـن سبا وقال الدارقطني واسم

الصدف سهال بن دعمي بـن زياد بن حضر مـوت وقال

الحازي في كتاب العجالة في النسب هو عمرو بن مالك والله

C

اعلم وقال القضاعي دعوتهم مع كندة واما سمي الصدف

لانه صدف بوجهة من قومه حين اتاهم سيل العرم فاجمعوا

علي ردمه فصدف عنهم بوجهه تلقا حضر موت فسمي

الصدف ويقال انه سمى الصدف لانه كان رجلا شجاعا لا

يذعن لاحد من العرب فبعث اليه بعض ملوك غسان

رسولا ليقدم به عليه فعدي علي الرسول فقتله وخرج هاربا

فبعث الملك اليه خيلا عظيمة وكان كلما جا حيا من العرب ساله

عن الصدف فيقول صدف عنا وما راينا له وجها فسمي

الصدف من يوميذ ثم لحق بكندة فنزل فيهم قال ارباب النسب

اكثر الصدف بمصر وبلاد المغرب والله سبحانه اعلم

N.º VI.

Passage du Macrizi sur la hauteur appelée au Caire
l'Observatoire. Voy. ci-dev. page 5.

(۱) الشرف اسم لثلاثة مواضع فاثنان منها فيما بين القاهرة

ومصر وواحد فيما بين بركة الحبش وفسطاط مصر فاما الذي

(1) » On donne le nom de *hauteur* | » Caire.... La première hauteur, sur la-
» [*sharaf*] à trois endroits voisins du | » quelle est actuellement la citadelle,

بظاهر القاهرة فاحدهما عليه الان تلعة الجبل وهو من جملة
جبل المقطم والاخر فيما بين الجامع الطولوني ومصر ويشرف
غربيه علي جهة الخليج الكبير واما الشرف الثالث فيعرف
اليوم بالرصد وهو يشرف علي راشدة، ذكر الرصد،
هذا المكان شرف يطل من غربيه علي راشدة وبين قبليه علي
بركة الحبش فيحسب من رآه من ناحية راشدة جبلا وهو من
شرقيه سهل يتوصل اليه من قرافته بغير ارتقا ولا صعود وهو
محاذ للشرف الذي كان من جملة العسكر والشرف الذي يعرف
اليوم بالكبش وكان يقال له قديما الجرف ثم عرف بالرصد من
اجل ان الافضل ابا القاسم شاهنشاه بن امير الجيوش بدر
الجمالي اقام فوقه كرة لرصد الكواكب فعرف من حينئذ
بالرصد قال في كتاب عمل الرصد حمل الي الافضل شاهنشاه
بن امير الجيوش بدر الجمالي من الشام تقاويم لما يستانف

» fait partie du mont Mocattam. La se-
» conde, située entre la mosquée de
» Touloun et Misr, domine du côté du
» couchant sur le grand canal..... La

» troisième appelée aujourd'hui l'Ob-
» servatoire, s'appeloit autrefois Aljo-
» ref ». Voyez la suite de la traduction
de ce morceau, ci-devant page 5.

C 2

مـــن السنين لاستقبال سنة خمس ماية سنة مـــن سـني
الهجــــــرة قيل ماية تقويم او نحوها وكانوا منجمو الحضرة
يوميذ ابن الحلبي وابن العيثم وسهلون وغيرهم مطلق لهم
الجاري في كل شهر والرسوم والكسوة علي عمل التقـــويم في
كل سنة وكان كل منهم يجتهد في حسابه وما تصل قدرته اليه
فاذا كان في غرة السنة حمل كل منهم تقويمه ويقـــابل بينهم
وبين التقويمـــات الحضرة من الشام فيوجد بينهم اختلاف
كثير فانك ذلك فلما كان غرة سنة ثلاث عشرة وخمسماية
عند احضار التقاويم علي العادة جمع المنجمين والحساب واهل
العلم وسالهم عن السبب في الخلاف بـــين التقـــاويم فقالوا
الشامي يحسب ويعمل علي راي الزيج الممتحن الماموني ونحن
نعمل علي راي الزيج الحاكمي لقرب عهك وبـــين المتقـــدم
والمتاخر تفاوت وقد اجمع القدما ان القريب العهد اصح من
المتقدم لتنقل الكواكب وتغير الحساب وتحدثوا في معني ذلك بما
هو مذكور في موضعه واشاروا عليه بعمل رصد مستجد تصح

به الحساب ويخرج المعوز والتفاوت وتحصل به المنفعة العظيمة

والغاية الجليلة والسمعة الشريفة والذكر الباقي فقال من يتولى

ذلك فقال صاحب دسته ومشيره الشيخ الاجل ابوالحسن بن

ابي اسامة هذا القاضي بن ابي العيش الطرابلسي المهندس

العالم الفاضل وكان ابن ابي العيش صهن زوج ابنته وهوشيخ

كبير السن والقدر كثير المال وساعد علي ذلك القايد ابو عبد

الله الذي تقلد الوزارة بعد الافضل ودعي بالمامون بن البطايحي

فاستصوب الافضل ذلك وقال مروة يحتز بذلك ويستدعي

ما يحتاج اليه فكان اول ما بدا به لما احضر لذلك ان مدح

لنفسه وكان الافضل غيورا علي كل شي اشد ما عليه من

يفتخر او يلبس ثيابا منذكون ثم قال هذ الالات عظيمة وخطرها

جسيم ولاكل احد يقوم عليها ولا يحسنها واكثر اكلام

والتوسعة وقال يحتاج الذي يتولي ذلك يعتمد معه الانعام

والاكرام لتطيب نفسه للمباشرة وينشرح صدن ويقدح خاطن

لما يعمل في حقه فضجر الافضل من ذلك وقال لقد اكثن

في مدح نفسه ولده وما تعاملنا بعد لا حاجة الي معاسلته
فاشار القايد بن البطايحي وقال هنا من يبلغ الغرض باسهل
ماخذ واقرب وقت واسرعه والطف معني ابو سعيد بن قرقة
الطبيب متولى خزاين السلاح والسروج والصناعات وغير
ذلك فاحضره للوقت فاتفق له من الحديث الحسن السهل
وما سبب عمل الالات ومن ابتدا بها من الاول وذكر القدسا في
ابتدا العالم ومن رصد منهم واحدا واحدا الي اخرهم شرحا
مستوفيا كانه هو يحفظه ظاهرا او يقراه في كتاب فاعجب الافضل
والحاضرين وقال اني شي تحتاج فقال ما احتاج كبير اس
والامور سهلة كلما احتاجه في خزاين السلطان خلد الله ملكه
النحاس والرصاص والالات وكلما احتاج استدعيه اولا اولا
والنفقات واجرة الصناع يتولاها غيري واعجب به وقال
يطلق له جار لنفسه فقال انا مستخدم في عدة خدم فجواري
تكفيني وانا مملوك الدولة ما احتاج الي جار واذا بلغت
الغرض وانهيت الاشغال فهو المقصود وكان قيل للافضل هذا

الرصد يحتاج الى اسوال عظيمة فقال كم تقول يحتاج اليه

فقال ما ينفق عليه الا مثل ما ينفق على مسجد او مستنظر

فرجع يكرر عليه القول فقال هاتوا ورقة فكتب فيها المملوك

يقبل الارض ويهني دعت الحاجة الى خروج الامر العالي الى

دار الوكالة باطلاق مايتي قنطار من النحاس الفخر وثمانين

قنطار من النحاس القضيب الاندلسي واربعين قنطار من النحاس

الاحمر ومن الرصاص الف قنطار ومن الحطب ومن الحديد

الفولاذ من الصناعة ما لعله يحتاج اليه ومن الاخشاب ومن

النفقة مائة دينار على يد شـــــاهد يثق به فاذا فرغت

استدعي غيرها واحتاج اختار مـوضعا يصلح الرصد فيه

ويكون العمل والصناع فيه ومباشرة السلطان فيما يتوقف

عليه وما يستامر فيه فاستصوب الافضل جميع ذلك واراه ان

يخلع عليه فقال القايد هذا فيما بعد اذا شوهدت اعماله

فخدم من اول الحال الى اخرها ولم يحصل له الدرهم الفرد لانه

كان يستحي ان يطلب وهو مستخدم عندهم وكانوا باجمعهم

يوملون طول المدة والبقا فقتل الافضل ثاني سنة وتغيرت
الاحوال ثم انهم اختاروا للرصد مسجد التنور فوق المقطم
فوجدوه بعيدًا عن الحوايج فاجمعوا علي سطح الجرف
بالمسجد المعروف بالغيلة الكبير وكان قد اصرف علي
المسجد خاصة ستة الاف دينار فحفروا في مسجد الغيلة ونقروا
في الجبل مكان الصهريج الان فعمل فيه قالب الحلقة الكبيرة
وقطرها عشرة اذرع ودورها ثلاثين ذراعا وهندسوه وحرروه
ايامًا وعمل حوله عشر هرج علي كل هرجة منفاخان وفي كل
هرجة احد عشر قنطارا نحاسا واقل واكثر الجميع ماية قنطار
وكسر قسموها علي الهرج وطرح فيها النار من العصر
وبلغوا الي الثانية من النهار وحضر الافضل بكرة وجلس علي
كرسي فلما تهيات الهرج ودارت امر الافضل بفتحها وقد
وقف علي كل هرجة رجل وامروا بفتحها في لحظة ففتحت
وسال النحاس كالما الي القالب وكان قد بقي فيه بعض النداوة
فلما استقر به النحاس بحرارته تفقع المكان الندي فلم تتم الحلقة
ولما

ولما بردت وكشف عنها اذا هي تامة ما خلا المكان الندي
فضجر الافضل وضاق صدن وربما الصناع بكيس فيه الف
درهم بغضب وركب فلاطفه بن قرقة وقال في مثل هذه الالة
العظيمة التي ما سمع قط بمثلها لو اعيد سبكها عشر مرات
حتى تصح ما كان كثيرا فقال الافضل اهتم في اعادتها
فسبكت وصحت ولم يحضر الافضل في المرة الثانية ففرح
بصحتها وعملت ورفعت الى سطح مسجد الفيلة واحضر لها
جميع صناع النحاس وعمل لها بركاز خشب من السنديان
وهو بركاز عجيب بني في وسط الحلقة مسطبة حجارة متقنة
لرجل البركاز وهو قايم مثل عروس الطاحون وفيه ساعد
مثل ناف الطاحون وقد لبس بالحديد والجميع سنديان
جيد وطرف الساعد مهيا لعدة فنون تان لتصحيح
وجه الحلقة وتان لتعديل الاجناب وتان للخطوط
والحزوز واقام في التصحيح فيها واخذ زواياها بالمباره مدة
طويلة وجماعة الصناع والمهندسين وارباب هذا العلم

D

حاضرون واستدعي لهم خيمة عظيمة ضربت علي الجميع
وعقدت تحت الحلقة اقبا وثيقة فارادوا قيامها علي سطح
مسجد الغيلة فلم يتهيا لهم فاهم وجدوا المشرون لاول بروز
الشمس مسدودا فاتفقوا علي نقلها الي المسجد الجيوشي
بجاور الانطاكي المعروف ايضا بالرصد وكان الافضل بناه
الطف من جامع الغيلة ولم يكمل فلما صار برسم الرصد كمل
فحضر الافضل في نقل الحلقة من جامع الغيلة الي المسجد
الجيوشي وقد احضرت الصواري الطوال العظام والسرياقات
والنحانات من الاسكندرية وغيرها وجمعت الاصطولية ورجال
السودان وبعض اصحاب الركاب والجند حتي دلوه وحملوه علي
التحبل الي مسجد الرصد الجيوشي وثاني يوم حضروا باجمعهم
حتي رفعوه الي السطح وكملوه واقاموا الحلقة وجعلوا تحت
اكتافها عمودين من رخام سبكوها بالرصاص من اسفلها
واعلاها حتي لا يرتخي تنقل النحاس وجعل في الوسط عمود
رخام وباعلاه قطب العضادة مسبوك بالنحاس الكثير لتدور

عليه العضادة وعملت من نحاس فما تمارست ولا دارت

فعملوها من خشب ساج وقطبها واطرافها من نحاس صفايح

ليخف الدوران ثم رصدوا بها الشمس بعد كلغة وكانت الحلقة

ترخي الدرجة والدقايق كل وقت للثقل فعمل عمود من نحاس

فوق العمود الرخام ليمسك رخوها وغلبوا بعد ذلك فكانت

تختلف لشدة ما كان يحررون بها بالشواقيل والعضادة الخشب

وتردده اليها الافضل مع كبر سنه وهو يرعش والقايد يحمله الي

فوق ويتقعد زمانا من التعب لا يتكلم ويده ترعش فرصدوا

قدامه وفي خلال ذلك قتل الافضل ليلة عيد الفطر سنة

خمس عشرة وخمسماية وقيل للافضل عن بن قرقة انه اسرف

في كبر الحلقة وعظم مقدارها فقال الافضل لو اختصرت

منها كان اهون فقال وحق نعمتك لو اسكنني ان اعمل حلقة

تكون رجلها الواحدة علي الاهرام والاخري علي التنور فعلت

فكلما كبرت الالة صح التحرير واين هذا في العالم العلوي

ثم اكثروا عليه فعمل حلقة دونها في الموضع المنهدم

بالطوب الاحمر تحت المسجد الجيوشي كان قطرها اقل من
سبعة اذرع ودورها نحو احدي وعشرين ذراعا فلما كملت قتل
الافضل ولم ينفق من مال السلطان في الاجرة والمون وما لا بد
منه سوي نحو ماية وستين دينارا فلما تمت الوزارة للماسون
البطايحي احب ان يكملها ويقال له الرصد الماموني الصحيح
كما قيل للاول الرصد الماموني الممتحن فاخرج الامر بنقل
الرصد الي باب النصر بالقاهرة فنقل علي الطريقة الاولي
بالعتالين والاسطولية وطوايف الرجال وكان يدفع لهم كل يوم
برسم الغدا جملة دراهم فلما صارفوق الجبل مضوا به علي
الخندق من ورا الفتح علي المشاهد الي مسجد الذخيرة من
ظاهر القاهرة وتعبوا في دخوله من باب النصر تعبا عظيما
لخوفهم ان يصدم فيتغير فنصبوا الصواري علي
عتد باب النصر من داخل الباب وتكاثر الرجال في جذب
المياخين من اسفل ومن فوق حتي وصل الي السطح الفوقاني
واوقفوا له العمد كما تقدم ذكره ورصدوا بالحلقة الكبري كما

رصدوا لجها علي سطح الجرف فصح لهم ما ارادوا من حال
الشمس فقط ثم اهتموا بعمل ذات حلق يكون قطرها خمسة
اذرع وسبكت في فندق بالعطوفية من القاهرة وكان الامر فيها
سهلا عند ما لحقهم من الغنا العظيم في الحلقة الكبيرة
والحلقة الوسطي وتجرد الماسون لعملها والحث فيها وكان بن
قرقة يحضر كل يوم دفعتين ويحضر ابو جعفر بن حيسداني
وابو البركات بن ابي الليث صاحب الديوان وبيد الحل والعقد
فقال له الماسون اطلع كل يوم واي شي ظلبوه وقع لهم به
من غير مواسرة وكان قصدك ما اطمعوه فيه من ان يقال
الرصد الماسوني المصح فلو اراه الله ان يبقي الماسون قليلا كان
عمل جميع رصد الكواك لكنه قبض عليه ليلة السبت ثالث
شهر رمضان سنة تسع عشرة وخمسمائة وكان من جملة
ما عد من ذنوبه عمل الرصد المذكور والاجتهاد فيه وقيل
اطمعته نفسه في الخلافة بكونه نماه الرصد الماسوني ونسبه
الي نفسه ولم ينسبه الي الخليفة الامر باحكم الله واما العامة

والغوغا فكانوا يقولون ارادوا ان يخاطبوا زحل وارادوا ان يعلموا

الغيب وقال اخرون منهم عمل هذا للسحر ونحو ذلك من

الشناعات فلما قبض علي الملعون بطل وانكر الخليفة علي

عمله فلم يجسر احد ان يذكره وامر فكبس وحمل الي المناخات

وهرب المستخدمون ومن كان فيه وكان الحاضر فيه من المهندسين

بهم خدمته وملازمته في كل يوم بحيث لا يتاخر منهم احد

الشيخ ابو جعفر بن حسداي والقاضي ابن ابي العيش

والخطيب ابو الحسن علي بن سليمان بن البواب والشيخ ابو

المنجي بن سند الساعاتي الاسكندراني المهندس وابو محمد عبد

الكريم الصقلي المهندس وغيرهم من الحساب والمنجمين كابن

الحلبي وابن الهيثمي وابو نصر تلميذ سهلون

وابن دياب والقلعي وجماعة يحضرون كل يوم الي

قهوة نهار فيحضر صاحب الديوان ابن ابي الليث وكان بن

حسداي ربما تاخر في بعض الايام فانه كان امرا عظيما

صاحب كبريا وهيبة وفي كل يوم يبعث الملعون من يتقصد

الجماعة ويطالعه لمن غلب منهم لانة كان كثير التفقد للامور كلها

وله غمازون واصحاب اخبار لا ينام ولا يكاد يفوته شي من

احوال الخاصة والعامة بمصر والقاهرة ومن يتحدث وجعل

في كل بلد من الاعمال من ياتيه بسماير اخبارها انتهي (١) وانا

ادركت هذا الموضع الذي يعرف الي اليوم بالبرصد حيث

جامع الغيلة عامرا فيه عدة مساكن ومساجد وبه اناس

مقيمون دايما وقد خرب ما هناك وصار لا انيس به وكان

---

(1) « J'ai vu (continue le Macrizi) » le lieu nommé encore actuellement » l'*Observatoire*, et où est la mosquée » des Éléphans ; j'ai vu, dis-je, ce » lieu encore habité , renfermant beau- » coup de maisons, de personnes qui » y faisoient leur demeure ordinaire, » et de mosquées. Maintenant il est » dévasté et il n'y a plus personne ». » Le Sultan Almalek Alnaser Ebn Ca- » laoun fit construire des roues à eau » pour élever jusqu'au pied de la hau- » teur appelée l'*Observatoire*, l'eau » d'un canal tiré du Nil, près de Re- » bath Alatar *. Cette eau devoit être » élevée de là dans la citadelle, par » d'autres roues. Ce Sultan mourut » avant que l'entreprise fût achevée, » comme je l'ai dit en parlant de la ci- » tadelle. Les habitans du Caire vont

» encore se promener à l'Observatoire. » On raconte que le Calife Moëz Ledin » Allah arrivant du Mogreb au Caire, » ne fut pas content de la situation de la » nouvelle ville, et demanda au général » Jauher , pourquoi il ne l'avoit pas » bâtie plutôt sur la hauteur de l'Ob- » servatoire. On dit que la viande se » gâte au Caire en vingt-quatre heures, » dans la citadelle au bout de deux » jours, et qu'elle ne se gâte pas en trois » sur cette hauteur.

» O nuit , dit un de nos poëtes , » nuit propice à mes amours et qui doit » faire mourir de dépit nos envieux ! » nuit fortunée, que je passai avec » mon bien aimé dans l'île *Rouda*, tan- » dis que le jaloux qui nous observoit, » la passoit sur l'Observatoire ! »

---

* « Ce ne fut qu'après l'année 780 de » l'hégire , que la hauteur appelée l'*Ob- serrctoire*, devint déserte et même un lieu » peu sûr , après avoir été un endroit déli- cieux. » Le Macrizi, chap. des *Mosquées*

du grand *Carafa*, article *Mesjed Alantali*. ᵇ Le *Rebath Alatar* situé hors de la ville du Caire près de *Birket Alhabash* et du jardin *Alaaskous*, dominoit sur le Nil. Le Macrizi, chap. des *Rebaths*.

الملك الناصر محمد بن قلاون قد انشا فيه سواقي لنقل الما من
اماكن قد حفر لها خليج من البحر بجوار رباط الآثار النبوية
فاذا صار الما في سفح هذا الجبل المسمى بالرصد نقل بسواقي
هناك قد انشيت الى ان يصير الى القلعة فمات ولم يكمل
ما اراده من ذلك كما ذكر في اخبار قلعة الجبل من هذا الكتاب
وما زال موضع هذا الرصد متنزها لاهل مصر ويقال ان
المعز لدين الله لما قدم من بلاد المغرب الى القاهرة لم يعجبه
مكانها وقال للقايد جوهر فاتك بنا القاهرة على النيل فهلا
كنت بنيتها على الجرف يعني هذا المكان ويقال ان اللحم على
بالقاهرة فتغير بعد يوم وليلة وعلق بقلعة الجبل فتغير بعد
يومين وليلتين وعلق في موضع الرصد فلم يتغير ثلاثة ايام
ولياليها لطيب هوائها ولله در (١) القايل

يا ليلة عاش سروري بها *

وبات من يحسدنا بالكمد *

_____

(١) *Voy.* sur la formule دن de Gol. rac. دن

وبت *

* وبت بالمعشوق في المشتهي (١)

* وبات من يرقبنا بالـــرصد *

N.º VII.

Passage du Macrizi sur la mosquée de l'Observatoire.
Voyez *ci-devant* page 4, note.

(٢) ذكر مسجد الرصد هذا المسجد بناه الافضل ابو

القاسم شاهنشاه ابـــن امير الجيوش بدر الجمالي بعـد بنايه

الجامع المعروف بجامع الفيله لاجل رصد الكـــواكب بالالة

التي يقال لها ذات الحلـــق كما ذكر فيما تقدم

---

(1) *Almoshtéhi*, nom d'un lieu dans l'Île *Rouda* ou du *Mecyas*, où étoit un *rebath* [espèce de couvent].

(2) « La mosquée *[mesjed]* de l'Ob-servatoire fut bâtie par Alafdal..... » pour observer les astres avec l'ins-» trument appelé *armilles*. » (Le Ma-crizi, chap. *des Mosq. du grand Carafa.*)

E

(1) *AU NOM DU DIEU CLÉMENT, MISÉRICORDIEUX.*

QUE DIEU bénisse notre seigneur Mahomet. Nous implorons, ô Dieu! ton secours.

Louange à Dieu dont la gloire est éternelle, la puissance absolue, les ordres par-tout exécutés, les preuves certaines, la parole accomplie, les préceptes évidens, les argumens manifestes; qui a bien fait tout ce qu'il a fait, et qui a donné à tous ses ouvrages le dernier degré de sagesse, d'excellence et de perfection; afin que ses créatures attestent qu'il est l'Éternel pour qui tout est facile, le savant qui connoit le poids d'un atôme dans le ciel et sur la terre (2), et dont le moindre ouvrage est, ainsi que le plus grand, un livre où brillent la clarté et l'évidence.

Que Dieu bénisse le prophète Mahomet, le plus excellent des prophètes, le plus cher de ses amis, et tous les membres de sa famille, modèles de vertu et de pureté.

AVANT-PROPOS.

CEUX qui lisent les ouvrages des savans qui les ont précédés, et approfondissent ce qu'ils renferment, y trouvent des vérités, des erreurs, des incertitudes. Les personnes dont l'unique but est de s'instruire, et qui sont douées d'un bon esprit, distinguent par leur sagacité, le vrai du faux, suivent les traces de la vérité,

(1) Cette préface m'a paru mériter d'être publiée, et je n'ai pas cru devoir en supprimer le début qui est celui de tous les auteurs Arabes.

(2) *Voyez* Coran, *surate 4, verset 44. Ibid surate 3, verset 4;* édition d'Hinckelmann.

بسم الله الرحمن الرحيم

صلي الله علي سيدنا محمد واله وسلم تسليما اللهم عونك

الحمد لله الذي له العز الدايم والسلطان القاهر والامر

النافذ والحجة البالغة والكلمة التامة والايات البينات والدلايل

الواضحات الذي احسن كل شيء خلقه فبلغه غاية الحكمة

ونهاية الكمال واقصي التمام ليشهد له ما خلق بانه القديم

الذي لايعجزه مقدور والعالم الذي لا يخفا عليه مثقال ذرّة

في السموات ولا في الارض ولا اصغر من ذلك ولا اكبر الا في

كتاب مبين وصلي الله علي محمد النبي خير انبيايه واكرم

اصفيايه وعلي بيته الطيبين الطاهرين وسلم تسليما

رسالة الزيج اما بعد فان الذين نظروا في كتب من

تقدمهم من العلما واستقصوا اقاويلهم وجدوا فيها

الصواب والخطا والمشكل واما من كان غرضه العلم وكانت

طباعه خيرة فانه ميز بعقله الحق من الباطل متاملا مجتهدا

s'efforcent de l'atteindre, et, par-tout où ils la rencontrent, l'embrassent avec joie et avidité; quand ils découvrent quelque erreur, ils l'évitent et s'écartent avec soin de son sentier : ceux, au contraire, que les passions rendent incapables d'une attention réfléchie, et dont le naturel est plus enclin vers le mal, abandonnent le sentier de la vérité pour suivre celui de l'erreur, se laissent aveugler par l'orgueil, et, tandis qu'ils se trompent eux-mêmes, taxent les savans d'erreur, cherchent dans un homme instruit quelque oubli, quelque inadvertance, s'attachent à ce petit défaut, le publient par-tout; en parlent sans cesse, et passent sous silence les belles découvertes de la science des astres. Ce qu'ils semblent chercher ne se trouve pas parmi les mortels; car il faut absolument que l'homme commette des erreurs, des oublis, des négligences, et que beaucoup de choses soient toujours obscures pour lui. Celui qui ne se trompe jamais, qui n'oublie jamais, en qui on ne peut trouver aucun défaut, qui réunit toutes les perfections, le modèle enfin le plus sublime, cet être, c'est Dieu même (que son nom soit glorifié), Dieu, dis-je, qui connoît parfaitement les choses les plus cachées.

Ces sortes de gens, pour diminuer le mérite des savans, rabaisser leur grande application, leurs longues études et leurs efforts redoublés pour l'avancement de la science, ont souvent recours à ce propos : « Un tel, disent-ils, a fait ses observations » seul. Comment s'attacher au sentiment d'un seul, et abandonner » celui de tous les autres! » Ils oublient que la plupart des observations des anciens ont été faites par des personnes seules : telles sont les observations d'Archimède, celles d'Hipparque,

في درك الحق طالبا بمنفعة متبعا اثره فحيث وجدك اخذ
باحسن قبول واتم رغبة واين وجد الباطل اجتنبه وحاد عن
سبيله واما من منعه الهوى من التامل ومالت به طباعه الي الشر
فانه نكب عن سبيل الحق الي الضلال وبحت وكابر واخطا
وخطا العلما وطلب للعالم سهوا وغلطا وعلق به واشاعه
واكثر القول فيه وطوى محاسن ذلك العلم كلها والذي طلبه
ليس بموجود في الانسان لانه لابد للانسان من ان يسهوا وان
يزل وينسي وتشكل عليه بعض الامور والذي لا يضل ولا
ينسي ولا يجوز عليه شي من صفات النقصان بل له الاسما
الحسني والمثل الاعلي هو الله عز وجل علام الغيوب وكان
ما جاء اليه هولاء ليطمسوا محاسن العلما ويستقلوا كثير
سعيهم وطول عنايهم واجتهادهم في العلم ان قالوا فلان
رصد وحسك وكيف يوثق بــراي الواحد وكيف يترك راي
الجماعة لرايه ونسوا ان اكثر ارصاد المتقدمين انما رصدها
الافراد مثل ارشميدس وابرخس وبطلميوص وكذلك كتب الاحكام

celles de Ptolémée. Pareillement, les livres qui traitent des pronostics tirés des astres, et les livres de médecine, n'ont pas été chacun en particulier composés par plusieurs personnes, et les savans même ne sont pas toujours d'accord les uns avec les autres sur ces matières. Il est un moyen de faire encore mieux sentir la frivolité de cet argument ; c'est de le rétorquer contre ceux qui s'en servent. Supposons qu'ils soient du nombre de ceux qui calculent les tables ou qui tirent des pronostics, qu'ils aient fait un calcul ou porté quelque jugement, et qu'on prenne la liberté de leur dire : « Vous avez calculé seul ; vous avez jugé » cela seul ; on ne peut avoir confiance dans le sentiment d'un » seul, adopter votre calcul ou votre pronostic : » c'est alors qu'ils verroient clairement la fausseté de ce raisonnement, et qu'ils seroient forcés d'y renoncer. De plus, les savans du premier ordre et les grands artistes sont rares ; il n'en paroît ordinairement qu'un à-la-fois, et souvent il faut bien du temps à la nature pour en produire un autre. Tels ont été Ptolémée dans l'art de la démonstration, Gallien dans la Médecine, Ali ebn Isa (1) et Hamed ebn Ali de Waseth dans l'art de faire les astrolabes. Jamais, dans aucun temps, on n'a rejeté les lumières d'un savant, refusé de se servir d'un artiste ou d'avoir confiance en ses ouvrages, par la raison que ce savant, ou cet artiste, étoient des hommes uniques.

Quoique les astronomes du calife Almamon fussent plusieurs, cela n'a pas empêché que les observations qu'ils firent ensemble

---

(1) Un des astronomes qui observèrent à Damas sous le règne du calife Almamon. *Voyez* page suivante. Son habileté dans la construction des astrolabes lui a fait donner le surnom de Alastharlabi. *Voyez* les notes de Golius sur Alfergan, *pag. 69* ; l'Histoire des Mathématiques, par Montucla, *t. I, pag. 345* de la première édition, et ci-après, *pag. 50.*

والطب ليس كل كتاب من كتبه اللغه جماعة ولا تتفق فيها

اقوال العلما وهذن مقالة ان طولب بها قايلها في نفسها

نكل عنها وتبيين بطلانها لانه ان كان من اهل حساب الزيج

والاحكام فحسب شيا او حكم به وسوغ الناس مثل هذا حتي

يقولوا له انك حسبت وحدك وحكمت وحدك وليس يوثق

براي الواحد وليس نقبل منك حسابا ولا حكما تبيين فساد

هذه المقالة واضطر الي تركها مع ان افاضل العلما وحذاق

الصناع انما يكون منهم في الزمان الواحد واحد في اكثر

الامر وربما وجد الواحد في زمان وعسر وجود مثله الا في

زمان طويل كبطلميوص في علم البرهان وجالينوس في علم

الطب وحقيق غلام علي بن عيسي في عمل الاسطرلاب وحامد

بن علي الواسطي ولم يقل الناس في زمن من الازمنة لعالم

ما ناخذ علمه لانه واحد ولا نستعمل صانعا واحدا ولا نثق

بصنعته ومع هذا فان اصحاب الممتحن ما عصمهم اجتماعهم

من اختلاف الرصدين رصد بغداد ورصد دمشق ولا من

à Bagdad ne différassent de celles qu'ils firent à Damas, et que les savans de leur temps, et ceux qui ont paru peu après, n'aient critiqué leurs observations. Ils ont déterminé à Bagdad, l'an 214 de l'hégire, 198 d'Izdjerd (1), l'obliquité de l'écliptique. Plusieurs savans étoient présens à cette observation, Iahia ebn Aboumansour (2), Alabbas ebn Saïd Aljauhéri (3), Send ebn Ali (4) et autres. Ils ont trouvé 23° 33'; la plus grande équation du soleil, 1° 59'; son apogée, dans 22° 39' des gémeaux; son mouvement dans l'année persane, 359° 45' 44" 14''' 24''''; et par les observations faites à Damas, l'an 217 de l'hégire, 201 d'Izdjerd (5), auxquelles présidoient Send ebn Ali, Khaled ebn Abdalmalik Almerouroudi (6), Ali ebn Isa et autres, ils ont trouvé la plus grande déclinaison du soleil, 23° 33' 52"; sa plus grande équation, 1° 59' 51"; son apogée, dans 22° 1' 37" des gémeaux; son mouvement dans l'année persane, 359° 45' 46" 33''' 50'''' 43'''''. D'après la différence des deux équations, l'entrée du soleil dans le belier, selon l'observation de Damas, précéderoit son entrée, selon l'observation de Bagdad, d'environ 12° d'ascension; et si l'on cherche l'ascendant, et que l'ascendant soit le belier ou les poissons, on trouvera entre les deux ascendans, environ 18° de différence pour Bagdad et les lieux qui ont à-peu-près la même latitude.

(1) 829-830 de l'ère vulgaire.

(2) Le premier et le plus célèbre des astronomes rassemblés par Almamon. Voyez l'Histoire des Dynasties d'Abulpharage, p. 161, le Catalogue des Mss. de la bibliothèque de l'Escurial, p. 115, et l'Histoire des Mathématiques, par Montucla, tom. I, pag. 344 de la première édition.

(3) Voyez sur cet astronome le Catalogue que je viens de citer, p. 402.

(4) Voy. le même Catalogue, p. 439.

(5) 832-833 de l'ère vulgaire.

(6) Cet astronome étoit natif de la ville de Merou Alroud dans le Khorasan. Il eut un fils et un petit-fils qui s'appliquèrent comme lui à l'étude de l'astronomie. Voyez le Catalogue des Mss. de la bibliothèque de l'Escurial, p. 430 et 435.

طعن

طعن علما اهل زمانهم ومن قرب منذ في ارصادهم اما اختلاف

الرصدين فانهم وجدوا الميل ببغداد كج لح وقد حضر هـذا

الرصد جماعة منهم يحيي بن ابي منصور والعباس بن سعيد

الجوهري وسند بن علي وغيرهم ووجدوا جملة تعديل الشمس

انط واوجها في الجوزا كب لط ووجدوا حركتها في السنة

الفارسية شنط مه مد يدكد في سنة ٢١٢ للهجرة وذلك في سنة

١٩٨ ليزدجرد ووجدوا فى رصد دمشق وذلك في ٢١٧ من سني

الهجرة وفي سنة ٢٠٣ من سني يزدجرد وقد تولي هذا الرصد سند

بن علي وخالد بن عبد الملك المروروذي وعلي بن عيسي وغيرهم

الميل الاعظم كج لح نب وجملة تعديل الشمس انط نا واوجها

في الجوزا كبـا لزوحركتها في السنة الفارسية شنط مـه

سولح ن بح ولما بين التعديلين يتقدم نزولها اول الحمل بالرصد

الدمشقي نزولها بالرصد البغدادي بنحو اثني عشرة درجة

مطلعية وان استخرج الطالع بها وكان الـطالـع الحمل او

الحوت كان بين الطالعين نحو ثماني عشر درجة بيغداد وما

Aboumaashar (1) en critiquant, ainsi que plusieurs autres
savans, les observations dont je viens de parler, n'a pas épargné
Ebn Ishac ebn Kesouf et Send ebn Ali qui étoit présent aux
deux suites d'observations.

Ahmed ebn Abdallah le calculateur (2) rapporte dans sa table
arabique, que les auteurs de la table vérifiée (3) n'ont observé
que le soleil et la lune, et que ce fut lui seul qui détermina,
après eux, les mouvemens des cinq autres planètes.

Les fils de Mousa ebn Shaker (4), dans leurs observations,
qui sont en grand nombre, le Mahani (5), Sehel ebn Bashar,
font remarquer les différences qui se trouvent entre leurs observations et la table vérifiée. On connoît la lettre d'Aboulhasan
Tabet (6) ebn Corah à Casem ebn Obeïdallah, sur les observations des auteurs de la table vérifiée, qui commence ainsi :
« L'entreprise des tables vérifiées n'est pas parfaite, et n'approche
» pas même encore de la perfection »; et la lettre à Honaïn ebn
Ishac, dans laquelle Tabet parle du mouvement direct et rétrograde de la sphère, et de ceux qui ont adopté ce système (7).

Les moyens mouvemens du soleil, de la lune, des autres

(1) Célèbre astrologue que nos auteurs appellent Albumasar. (Abulph.
p. 178. = d'Herbelot, p. 27. = Hist.
de l'Astron. mod. tom. I, Éclaircissemens, pag. 583.)

(2) Plus connu sous le nom de Habash. (Abulph. p. 161.)

(3) C'est le nom qu'on donna à la
table vérifiée d'après les observations
faites sous le calife Almamon. Elle est
quelquefois attribuée à Iahia qui en fut
le principal auteur. (Golius ad Alferg.
p. 66.) Cette table qui se trouve parmi
les manuscrits Arabes de la Bibliothèque

de l'Escurial, est indiquée dans le Catalogue, tom. I, p. 364, sous le n.° 922.

(4) Abulph. pag. 183. = Golius ad
Alferg, p. 69. = Hist. de l'Astronomie
moderne, tom. I; Éclaircissemens,
pag. 580.

(5) Mohammed ebn Isa Abou Abdallah, surnommé Almahani parce qu'il
étoit de la ville de Mahan dans le Khorassan. (Catal. des Mss. de la Biblioth.
de l'Escurial, tom. I, p. 431.)

(6) Vulgairement Thébith.

(7) Ces deux morceaux seront rapportés en entier ci-après, chap. 4.

قرب عرضه من عرضها فاما طعن كثير من علما اهل زمانهم

ومن قرب منهم علي ارصادهم فان ابا معشر طعن عليها

وعلي بن اسحاق بن كسوف وسند بن علي وقد حضر

الرصدين وذكر احمد بن عبد الله الحاسب في زيجه العربي

انهم انما قاسوا الشمس والقمر فقط وانه هو انفرد بعدهم بقياس

الكواكب الخمسة وذكر بنو موسي ابن شاكر في ارصاد

لهم كثيرة خلافهم وكذلك الماهاني وسهل بن بشر ورسالة ابي

الحسن ثابت بن قن الي القاسم بن عبيد الله في رصد

اصحاب الممتحن مشهورة وهي الرسالة التي اولها امر حساب

الممتحن ما تم ولا قارب بالتمام ورسالته الي حنين بن اسحاق

التي يذكر فيها حركة الفلك مقبلا ومدبرا وراي من ذهب الي

ذلك وايضا فانما يصح وسط الشمس والقمر وغيرها من

الكواكب واماكنها بان تقع القسمة في ما بين رصدين

صحيحين واما استخرج اصحاب الممتحن الاوساط ما بين

رصدهم ورصد بطاميوص وهو واحد فيا عجبا ممن اطلق

planètes, et leurs lieux, se déterminent en divisant l'intervalle entre deux bonnes observations. Les auteurs de la table vérifiée ont calculé les moyens mouvemens par l'intervalle entre leurs observations et celles de Ptolémée, qui observa seul; et quoique le mérite des anciens observateurs doive mettre leurs observations au-dessus des objections, si ceux que je combats ici les examinoient bien, je serois étonné qu'ils n'y trouvassent pas bien des choses à dire, puisqu'il est impossible de faire des instrumens dont les dimensions soient parfaitement justes, les divisions parfaitement exactes, la position toujours invariable, et qui ne soient sujets à aucune espèce d'erreurs.

Des observations ont été faites par plusieurs personnes réunies, qui, malgré cela, diffèrent de celles des auteurs de la table vérifiée dans les équations du soleil, de la lune, et des cinq planètes, dans les moyens mouvemens et dans la latitude de la lune : ainsi la réunion des observateurs n'a point empêché qu'ils ne différassent les uns des autres. Ptolémée, dans l'Almageste, a changé en plus ou en moins les mouvemens de plusieurs planètes; il a fait l'équation de Mars plus grande qu'on ne la faisoit auparavant, et l'on n'a pas laissé de le suivre. Je ferai voir dans l'équation du soleil de la table vérifiée, des erreurs que, malgré le nombre de ses auteurs, tout homme équitable ne pourra s'empêcher de reconnoître, s'il y fait attention; et, ce qui est plus étonnant, c'est que des savans, sans y prendre garde, ont adopté ces erreurs, comme Ahmed ebn Abdallah Habash, Fadl ebn Hatem Alnaïrizi (1) et autres. Ils ont calculé

---

(1) Ce surnom étant absolument dénué de points diacritiques dans le manuscrit, la seconde lettre paroissant quelquefois un *dal* et quelquefois un *ra*, et la quatrième offrant la même in- | certitude, il m'étoit impossible d'en fixer la lecture. Le Catalogue des Mss. de la Bibliothèque de l'Escurial, *t. I*, *pag. 421*, fait mention d'un astronome nommé Fadl ebn Hatem *Nairizensis*,

قوله هذا كيف لم يسل عن ارصاد المتقدمين ان كان جاهدا بها

وقد كان القوم اعلى منزلة من ان يظنوا برصدهم هذا الظن

لانه من الممتنع في العقول ان نصنع ارباعا وتتفق مقاديرها

وتتفق اقسامها حتى لا يزول بعضها عن بعض شيا ويبقي

بناوها بحالة لا يتزيل ونستوفي في جميع احوالها وقد رصد

القوم جتمعين دفعات وكان رصدهم مع الاجماع مخالفا لرصد

اصحاب الممتحن في تعديل الشمس والقمر والكواكب الخمسة

والاوساط وفي عرض القمر فاذن ما عصم الطايفين الاجماع

من الاختلاف وقد غير بطلموس في المجسطي حركات بعض

الكواكب بالزيادة والنقصان وزاد في تعديل المريخ علي ما وجد

للمتقدمين ولم ينكر عليه الناس ذلك وساذكر من فساد تعديل

الشمس بالممتحن ما ان تاملته نصف اقر بذلك مع اجتماعهم

واعجب منه نقل من نقله بعدهم عنهم بغير تامل مثل احمد

بن عبد الله حبش والفضل بن حاتم الريدى وغيرها فاقول

وبالله التوفيق انهم حسبوا التعديل لست درج فست درج

l'équation de six en six degrés depuis l'apogée (1), et ont divisé également pour les degrés intermédiaires : mais ils se sont trompés dans la division entre 36 et 42°; ils ont mis à côté de 36°, 1° 8′ 16″, et à côté de 42°, 1° 18′; la différence est de 9′ 44″, dont le sixième est de 1′ 37″ 20‴. Ils ont pris, par erreur, 1′ 47″, et l'ont ajouté au nombre qui répond à 36°, mettant vis-à-vis de 37°, 1° 10′ 3″, et vis-à-vis de 38°, 1° 11′ 50″; vis-à-vis de 39°, 1° 13′ 37″; vis-à-vis de 40°, 1° 15′ 24″; vis-à-vis de 41°, 1° 17′ 11″; et lorsqu'ils sont parvenus à 42°, ils ont mis à côté 1° 18′; la partie proportionnelle à ce degré est 49″ différence entre 1° 17′ 11″ et 1° 18′. En divisant la différence entre l'équation correspondante à 42° et l'équation correspondante à 48°, ils ont eu 1′ 27″ pour la partie proportionnelle de 43°, laquelle se trouve ainsi beaucoup plus grande que la précédente; ce qui est une erreur évidente d'où il résulte environ 6° d'ascension, erreur qui a passé dans tous ces auteurs, et dont leur nombre ne les a pas garantis, quoique ce fût une chose aussi simple.

Une autre faute du même genre, est qu'ils ont mis vis-à-vis de 93°, 1° 59′ (2); vis-à-vis de 94°, 1° 58′ 40″, différence en moins 20″; vis-à-vis de 95°, 1° 58′ 20″ (3), différence en moins pareillement 20″; vis-à-vis de 96°, 1° 58′, différence en moins

qui vivoit dans le III.ᵉ siècle de l'hégire. J'ai cru que cet astronome pouvoit être celui dont il est ici question; mais j'ai laissé dans le texte Arabe l'incertitude dans les élémens que présente le manuscrit.

(1) Dans les Tables de Ptolémée, l'inégalité des planètes est calculée de six en six degrés dans les deux quarts de cercle voisins de l'apogée, et de trois en trois degrés dans les deux quarts de cercle voisins du périgée. *Almag.* lib. 3, c. 6.

(2) L'équation est ici calculée de trois en trois degrés. *Voyez* la note qui précède.

(3) Le texte Arabe porte 1° 40′ 20″. Il paroît que c'est une faute de copiste, et qu'il faut lire ‏خ ا ج‎ au lieu de ‏م ا ك‎

من البعد الابعد وقسموه فيما بينهما قسمة متساوية والهم

غلطوا في القسمة ما بين ست وثلاثين واثنين واربعين وذلك

انهم اثبتوا بازا لواح يو وبازا مب ايح   والذي بينهما   ط مـ سـد

ومتى قسم علي ستة اصاب الواحد الـزك وهي دقيقـة وسبع

وثلاثون ثانية وعشرون ثالثة فغلطوا وجعلوها   امز وزادوها

علي ما بازا لو وائبتوا بازا لز آ ي ج وبازا لح ايان وبازا لط ايح لز

وبازا اربعين ايه كد وبازا ما ايزيا فلما بلغـوا الي مب جـعلـوا

بازاجها ايح   فصارت حصة هذه الدرجـة مـط ثانية وهي ما

بين ايزيا وبين ايح   واستانفوا القسمة بما بين مب ومع فكانت

حصة الدرجة الثالثة والاربعين دقيقة وسبعًا وعشريـن ثانية

فصارت التي بعد اكبر من التي قبلها بكثير وهـذا واضح

الفساد يعرض منه نحو ودرج مطلعية وقد سر هذا علي سايرهم

ولم يعصمهم منه الاجتماع علي انه امر قريب ومثل هـذا في

الفساد انهم جعلوا بازا صيح انط وبازا صد انح م ينقـص كـ

ثانية وما بازا صد ام ك ينقص ايضا كـ ثانية وما بازا صوانح

pareillement 20″; vis-à-vis de 97°, 1° 57′ 56″, différence en moins 4″ : ensuite ils ont diminué de 3″, et ont mis vis-à-vis de 98°, 1° 57′ 53″; après quoi ils ont diminué de 4″ jusque vis-à-vis de 103°. Il y a encore une erreur évidente dans ce qui est vis-à-vis de 165° et 166°. En un mot, il y a beaucoup de fautes semblables, et les auteurs se sont suivis les uns les autres, jusqu'à Fadl ebn Hatem Alnaïrizi (1), malgré son mérite. Leur nombre ne leur a donc servi de rien; ceux qui sont venus après n'ont pas vérifié les opérations de ceux qui les avoient précédés; et les auteurs les plus respectables ne sont pas exempts de négligence. Puisqu'il y a erreur dans l'équation du soleil, d'où dépend le calcul des ascendans des années, et qui est la première chose qu'on trouve par l'observation, après l'obliquité de l'écliptique, que doit-on penser du reste? Un homme rai-sonnable doit toujours être juste, et ne pas se laisser entraîner par prévention dans le parti des ignorans. Celui qui cherche la vérité est bien au-dessus de celui qui s'y oppose et qui la re-pousse. Si je suis entré dans ces détails au sujet de la table vérifiée, ce n'est pas pour autoriser quelqu'un par cet exemple, à ne pas faire tous ses efforts pour éviter les erreurs et les négli-gences (2), mais pour répondre à ceux qui critiquent les personnes

---

(1) Le surnom de Ebn Hatem pour-roit faire confondre cet astronome avec un autre savant arabe surnommé Ebn Haïthem dont il existe plusieurs ou-vrages manuscrits dans diverses biblio-thèques. Celui-ci étoit un peu posté-rieur à Ebn Iounis. *Voy.* la Bibliothèque Orientale de d'Herbelot, *pag. 422;* Abulpharage, *pag. 223;* le Catalogue des manuscrits de la Bibliothèque de l'Escurial, *pag. 414;* l'Histoire de l'Astronomie moderne, *tom. I, pag. 604.*

(2) J'ai été obligé d'étendre un peu la pensée de l'auteur pour la faire mieux comprendre; le mot à mot ici, comme ailleurs, seroit presque inintelligible. « Je n'ai *pas* dit cela pour ne *pas* en-» gager quelqu'un à ne *pas* commettre » de négligences et à ne *pas* se trom-» per, &c. »

Je pourrois multiplier davantage les

ينقص

ينقص ايضا ك ثانية ثم جعلوا ما بازا صر انزنو ينقص اربع

ثواني ثم نقصوه ثلاث ثواني فجعلوا بازا صح انزنج ثم نقصوه

د ثواني واربع ثواني الي ما بازا ق ج ومن الواضح الفساد ايضا

ما بازا قسة وما بازا قسو وبالجملة فان الفساد فيه كثير وقد تبع

بعضهم بعضا حتي الفضل بن حاتم الزيدى مع فضله فما

عصمهم الاجتماع في هــذا الامر القريب بل لم يمتحن

المتاخر اعمال المتقدم فاذن الافضل الاعتبار دون الاهتمال واذا

فسـد تعـديل الشمس وهو اول يعـول عليه في استخراج

طوالع السنين وغيرها واول ما يدرك بالرصد بعد الميل فما

الذي يظن بغيرها فينبغي لذي العقل ان ينصف من نفسه

ولا يحمله الهوي علي الدخول في جملة الجهال فان من اتبع

الحق كان اعلي محلا واشرف مكانا ممن عاند وجحد ولم اقل

هذا لاني لا احمل احدا علي ان لا يسهو ولا يغلط وانما هو

جواب لمن طعن علي العلمـا واستنقصهم بالباطل وقل من

سلك هذن الطريق الاكان بالتقصير حريا وبالذم جديرا وللقايل

G

instruites, et s'efforcent de diminuer, sans raison, leur mérite (1).
Parmi les hommes qui en agissent ainsi, il en est peu qui ne
méritassent d'être eux-mêmes critiqués à plus juste titre, et à
qui on ne pût faire des reproches bien fondés.

On pourroit dire encore : les astronomes d'Almamon ont
observé ensemble ; mais ont-ils fait ensemble le quart de cercle
et l'ont-ils divisé ensemble ? est-ce que l'instrument avec lequel
plusieurs personnes observent n'est pas fait par une seule ? Ne
voit-on pas dans l'ouvrage qui renferme l'histoire des observations faites à Damas, qu'Ali ebn Isa Alastharlabi, si célèbre pour
la construction des instrumens, fut chargé seul de la division
du quart de cercle avec lequel se firent les observations ? Send
ebn Ali raconte qu'il a vu l'armille avec laquelle observoit
Iahia ebn Aboumansor ; qu'elle fut vendue, après sa mort,
dans le marché des papetiers, à Bagdad, et qu'elle étoit divisée
de dix en dix minutes. Il remarque ensuite que les observations
faites avec cet instrument ne peuvent être très-justes, ni même
avoir un degré d'exactitude suffisant.

notes du genre de celle-ci. Il me suffit
de faire remarquer une fois que, tra-
duisant en français, il m'est impossible
de m'attacher servilement au mot à mot,
comme on fait quelquefois dans les traductions Latines.

(1) Il est aisé de voir que ceci s'a-
dresse aux astronomes ou plutôt aux astrologues contemporains d'Ebn Iounis,
qui, accoutumés à se servir de la table
vérifiée, ne vouloient y reconnoître aucun défaut, et tâchoient de diminuer le
mérite de ceux qui, comme Ebn Iounis,
vouloient la corriger. De tout temps les
faux savans se sont opposés aux progrès
de la science. Régiomontanus, à l'é-
poque du renouvellement de l'astronomie, dans le xv.e siècle, étoit obligé
de s'élever, comme notre auteur, contre
la paresse des astronomes de son temps,
et leur confiance dans des tables défec-
tueuses. « Quippe qui astronomiam in
» tugurio, non in cœlo, exercemus,
» confisi plurimùm scripturis, jam ætate
» nimiâ et situ confectis, quæ, cùm hu-
» manis auctoribus ortæ et editæ sint,
» eâdem quoque lege cadant necesse est,
» nisi per sæcula furtim labentia indus-
» triis quibusdam viris refulciantur. »
Scripta Regiomontani, *fol. 22, v.*

ان يقول انهم اجتمعوا علي القياس فهل اجتمعوا علي صنعة
الربع وقسمته كلهم وهـل الالة التي تقيس بها الجماعة
يصنعها الا صانع واحد اليس في كتاب الرصد بدمشق ان
قسمة الربع الذي صنع بها الرصد تولاها علي ابن عيسي
الاسطرلابي وحك وهذا الذي يعرفه الناس في الالات وذكر
سند بن علي انه راي ذات الحلق التي رصد بها يحيي بن
ابي منصور الكواكب بعد موته تباع بسوق الوراقين ببغداد
وكانت مقسومة بعشر دقايق فعشر دقايق وذكر بعد هذا ان
رصده للكواكب بهـا ما كان استتم ولا بلغ الغاية التي
ترتضي واني لما خشيت ان يقع الاشكال في بعض ما ذكرت
في هذا الزيج وفي بعض ما ذكر غيري وذلك عند ما تودي اليه
اختلاف الرسايل احتجت الي ابانة المواضع التي وقع السهو
فيها والغلط علي بعضهم لما الانسان حقيق به من التقصير
فمنها ما عرض لاحمد بن عبد الله حبش في تعديل الزمان
ومعرفة الاوسط والمختلف وهذا امسكن خاصة قد غلط فيه

Dans la crainte que les différences qui se trouvent entre cette table et les autres ne causassent quelque incertitude, j'ai cru devoir faire connoître en détail les endroits où plusieurs auteurs ont commis des erreurs; erreurs, pour la plupart, bien pardonnables à l'humanité.

Une de ces erreurs est celle qui est échappée à Ahmed ebn Abdallah Habash au sujet de l'équation du temps, et de la connoissance du temps vrai et du temps moyen. Beaucoup d'auteurs se sont trompés sur ce point en particulier, et n'ont pas connu exactement la différence de ces deux temps; je l'ai exposée fort au long dans l'endroit où je traite du temps vrai et du temps moyen (1).

Une autre erreur est ce qu'avance Aboulabbas Alfadl ebn Hatem Alnaïrizi, lorsqu'en traitant de l'arc de la révolution de la sphère (2), il dit que lorsqu'il est comme la moitié de l'augmentation du jour, le soleil n'a pas d'azimuth. Une pareille assertion ne doit être regardée que comme une inadvertance qui peut être l'effet d'une distraction, de l'ennui qui naît d'un long ouvrage, ou du peu d'attention qu'on donne à une chose aisée; car les savans sont sujets à tout cela : et Aboulabbas étoit un personnage trop distingué, et d'ailleurs trop bon géomètre, pour n'avoir pas bien connu une chose aussi simple.

L'usage des sinus calculés de demi-degré en demi-degré engendre des erreurs dans les endroits où le sinus est petit.

(1) Dans le 3.ᵉ chapitre de cet ouvrage. *Voy.* la table des chap. ci-après.

(2) On chercheroit en vain dans les dictionnaires Arabes et Latins l'explication du mot دائر (dayér), et en général de presque tous les termes d'astronomie Arabe. Les extraits de Shah Kholgi, publiés par Gravius en persan et en latin, renferment la définition suivante du dayér : وداٸر قوسی است از مدارکوکب ٮٮٮان کوکب وافق دں وقت مٯروٮٮ Daïr est arcus paralleli diurni stellæ, inter stellam et horizontem, tempore assignato.

كثير ولم يعلموا حقيقة هذين الزمانين وقد استقصيت الابانة

عنهما في الكلام في الزمان الاوسط والزمان المختلف ومن ذلك

ما ذكره ابو العباس الفضل ابن حاتم النيريزي حين ذكر الدواير

من الفلك وانه اذا كان مثل نصف فضل النهار ان الشمس

لا سمت لها وهذا سهو والرجل اعلى محلا من ان يخفى عليه

مثل هذا الامر القريب مع تقدمه في علم البرهان الهندسي

ولكن لشغل القلب احيانا والملال من طول التاليف والتهاون

بالامر القريب فان العلما ربما اوتوا من قبل ذلك ومن ذلك

استعمال الجيوب لنصف درجة فنصف درجة فان ذلك يعرض

من قبله خلل كثير في بعض المواضع اريد المواضع التي

يتضايق فيها الجيب ويعرض اكثر من ذلك لمن استعمل

الجيوب لدرجة فدرجة وقد استقصيت شرح ذلك عند

الكلام في الجيب ومن ذلك ما عرض لاحمد بن عبد الله حبش

في عرض الزهرة وعطارد فان كلامه في عرضها كلام من

تكلم فيما لا يعلم وما عرض لمحمد بن جابر بن سنان البتاني

.

Ceux qui se servent de sinus calculés de degré en degré en commettent encore de plus grandes. J'ai expliqué cela fort au long en parlant des sinus (1).

Ahmed ebn Abdallah Habash s'est trompé sur la latitude de vénus et de mercure; ce qu'il dit sur cela ressemble au langage d'un homme qui parle de ce qu'il n'entend pas.

Mohammed ebn Jaber ebn Senan Albattani (2) s'est pareillement trompé sur la latitude de mercure en particulier.

Il y a aussi erreur dans la différence du demi-diamètre de l'ombre dans le plus grand et le plus petit éloignement, 7′ 12″ selon Aboulabbas Alfadl ebn Hatem Alnaïrizi et Mohammed ebn Jaber Albattani (3). Quoiqu'inférieur en géométrie à ces deux astronomes, on peut se convaincre de cette erreur en considérant la démonstration de Ptolémée sur l'éloignement du soleil du centre de la terre (4). Il ne peut y avoir, entre le demi-diamètre de l'ombre dans le plus grand éloignement de la lune, et le même demi-diamètre dans le plus petit éloignement, ce que ces auteurs ont rapporté, ni 8′ ni 9′, mais plus, lorsqu'on fait usage dans cette recherche de la démonstration géométrique. Je l'ai calculé autrefois, et j'ai trouvé 10′ 17″, en supposant le soleil et la lune tous les deux dans leur plus grand éloignement du centre de la terre. La différence dans le rayon de l'ombre, à cause de la proximité du soleil du centre de la terre, s'élève au plus à une minute (5). Aboulabbas Alfadl ebn Hatem Alnaïrizi n'en dit rien. Il résulte de là des erreurs

---

(1) Dans le chapitre 10.

(2) Albategnius.

(3) Cette différence, dans l'édition imprimée d'Albategnius est de 7′ 30″. Voyez chap. 43, p. 155, et la note de Régiomontanus, *pag. 93.*

(4) Almag. *lib. V, c. 15.*

(5) *Voy.* la note de Régiomontanus sur Albategnius, *pag. 93,* et l'Abrégé de l'Almageste du même, *liv. V, proposition 21.*

في جهة عرض عطارد خاصة ومن ذلك لابي العباس الفضل

بن حاتم الزبيري ومحمد بن جابر البتاني في نصف قطر الظل

في البعد الابعد والبعد الاقرب ز دقايق يب ثانية وهـذا

يعلم فساده من كان دون هذين الرجلين في علم البرهان

مع تامل برهان بطلميوس في بعد الشمس عن مركز الارض

ولا يجوز ان يكون بين نصف قطر الظل في بعد القمر الابعد

والبعد الاقرب ما ذكـروا ولا ثماني دقايق ولا تسع دقايق الا

اكثر اذا استعملت في ذلك طـريق البرهان وقد كنت

حسبت قديما فخرج ي يز علي ان الشمس والقمر كل واحد

منها في غلة بعد من مركز الارض واما ما يعرض لنصف قطر

الظل بسبب قـرب الشمس من مركز الارض فان اكثره

دقيقة ولم يذكر ابو العباس الفضل بـن حاتم الزبيري وقد

يعرض بسببه خلل في مقدار المنكسف من القمر ومقدار

يتبين في ازمنة الكسوف اذا كان عرض القمر كثيرا ومن ذلك

ما عرض لابي العباس الفضل بن حاتم الزبيري وابي عبد

dans la grandeur des éclipses, et des différences sensibles dans les époques et dans la durée des phases (1), quand la latitude de la lune est considérable.

Il ne faut pas omettre ici l'erreur d'Aboulabbas Alfadl ebn Hatem Alnaïrizi, d'Abou Abdallah Mohammed ebn Jaber ebn Senan Albattani et autres, par rapport aux angles dont on se sert pour connoître la parallaxe de la lune en longitude et en latitude dans le calcul des éclipses de soleil (2). Cette méthode ne peut faire connoître avec précision le lieu apparent de la lune, puisqu'aucun des moyens qui pourroient conduire sûrement à ce résultat ne peut être employé.

Mohammed ebn Jaber ebn Senan Albattani se trompe encore en traitant des incidences ou projections des rayons des astres: une étoile dont la latitude est de 60° n'auroit pas, selon ses principes, de sextile aspect (3); conséquence qu'on ne peut aucunement admettre (4).

Aboulabbas Alfadl ebn Hatem Alnaïrizi se trompe pareillement sur la quantité qu'il faut ajouter aux ascensions de l'horoscope pour les révolutions des années. Il croit que c'est 86°

---

(1) Le texte porte, ازمنة الکسوف, *les temps de l'éclipse*. On trouvera ailleurs الازمنة الخمسة les cinq temps de l'éclipse. Ce sont les cinq phases des éclipses totales dont voici les noms arabes بدو الکسوف le commencement de l'éclipse; بدو المکث le commencement de la demeure dans l'ombre ou de l'immersion, *principium moræ*; ومط الکسوف le milieu de l'éclipse; بدو الانجلا le commencement de l'é- mersion, *principium repletionis*; انجلا مصار la fin de l'émersion, *finis repletionis*.

(2) Albategnius, c. 44, p. 167.

(3) Ibid. c. 54, p. 208.

(4) J'ai rendu ainsi le mot فظیع du texte, que Golius écrit فظع et traduit par *gravis, horrenda res*. فظع *grave et invisum fuit negotium*. On peut voir sur cette racine les notes d'Albert Schultens sur le Recueil de poësies Arabes intitulé *Hamasa*, p. 357.

الله

الله محمد بن جابر بن سنان البتاني وغيرها في الـزوايا التي
تستعمل في معرفة اختلاف منظر القمر في الطول والعرض
في حساب كسوف الشمس فانه لا يؤدي الى حقيقة مكان
القمر في العيان حتى كان الوجوه التي تؤدي الى حقيقة ذلك
لا سبيل الى شي منها ومثـل ذلك ما ذكره محمد بن جابر
بن سنان البتاني في مواقع انوار الكواكب اذا كان للكـواكب
عرض فان الكوكب اذا كان عرضه ست درجة لم يكـن له على
ما اصل تسديس وهذا فـضيع ومن ذلك ما ذكر ابو الـعباس
الفضل بن حاتم النريزى انه يزاد على مطالع الطـالع عند
تحاويل السنين فانه ذهـب الى ان ذلك فوله يب وهـذا لا
يوافق وسط الشمس الذي بناه في زيجه وذلك انه ذكـر انه
استعمل وسط الشمس الذي وجـده يحيى ابن ابي منصور
ببغداد وكان ينبغي على ذلك ان يكون الذي يزاد عند تحاويل
السنين على مطالـع الطالع قو يح يج لان وسط الشمس
عنك في السنة الفارسية وهي دىى يوما سنط مـد مـد يدكد

35′ 12″ (1), ce qui n'est pas d'accord avec le moyen mouvement du soleil, qu'il a adopté dans sa table. Il dit qu'il fait
usage du moyen mouvement trouvé à Bagdad par Iahia. Il
faudroit, d'après cela, ajouter aux ascensions de l'horoscope,
pour les révolutions des années, 106° 43′ 13″ 18‴, le moyen
mouvement du soleil étant, selon lui, dans l'année persane,
qui renferme 365 jours, de 359° 45′ 45″ 14‴ 24⁗, et l'année
solaire de 365 jours 14′ 27″ 12‴ 13⁗ environ.

Ce que dit Mohammed ebn Jaber ebn Senan Albattani
sur la déclinaison d'une étoile qui a une latitude, renferme une
erreur évidente (2).

Iahia, et les auteurs de tables qui l'ont suivi, se trompent
dans l'équation de vénus. Ils diffèrent de Ptolémée dans la
distance des deux centres (3), qui est, selon cet auteur, 2° 30′,
et selon Iahia, 2° 3′ 35″; et cependant ils sont d'accord avec
Ptolémée dans l'équation additive et soustractive : ce qui ne se
peut, comme le savent ceux qui entendent bien ces matières.

En voilà assez pour le but que je me suis proposé ; mon
intention n'est pas de suivre en détail toutes les erreurs échappées
aux savans : si j'en ai noté quelques-unes, ce n'est pas pour en
tirer vanité. J'ai marqué les endroits où ils se sont trompés, de
peur que quelqu'un, trouvant dans cette Table, et dans quelque
autre, deux procédés différens pour la même opération, ne fût
embarrassé de connoître le meilleur. En lisant ceci, on verra
que les différences de ma Table avec les autres, sont fondées
sur des principes et sur la connoissance de la vérité (4), &c.

(1) Voyez Albat. c. 53, p. 207.

(2) Albategnius, c. 18, p. 48.

(3) Le centre du zodiaque et celui
de l'équant. Almag. lib. X, c. 3.

(4) Cette espèce d'avant-propos
est terminé dans le texte Arabe par ces
mots : واقد استعصم من الزلل واسفة
الهداية الى الحق بعضله وطوله انه سميع

فيكون زمان سنة الشمس ٣٦٥ يد ك ز يب يج بالتقريب ومن ذلك

رسالة محمد بن جابر بن سنان البتاني في بعد الكوكب اذا كان

له عرض عن معدل النهار فانها خطا واضح ومثل ذلك ما

فعل يحيى بن ابي منصور في تعديل الزهرة هو ومن تبعه من

اصحاب الازياج لانه خالف بطلميوس فيما بين المركزين وهو

بمذهب بطلميوس ب ل وهو بمذهب يحيى ب ج له ووافقه في

تعديل الزيادة وتعديل النقصان وهذا لا يمكن ولا يخفا علي

اهل الفضل من العلما   هذا المقدار كاف فيما قصدت اليه

ان شا الله لاني لم يكن غرضي تتبع غلط العلما وسهوهم لاني

حامز علي ما جاز عليهم غير رافع لنفسي عنه واما ثبت اماكن

الغلط ليلا يجد واحد في عمل واحد رسالتين مختلفتين في

زيجي هذا وفي غيره من الازياج فلا يعلم اين الصواب فيبقي

حايرا فاذا قرا هذه الرسالة علم ان الخلاف التي فيه لغيره من

الازياج وقع عن علم بالصواب

PRÉFACE.

AU NOM DE DIEU, &c. L'étude des corps célestes n'est point étrangère à la religion. Cette étude seule peut faire connoître les heures des prières, le temps du lever de l'aurore où celui qui veut jeûner doit s'abstenir de boire et de manger (1), la fin du crépuscule du soir, le terme des vœux et des obligations religieuses, le temps des éclipses, temps dont il faut être prévenu pour se préparer à la prière qu'on doit faire alors (2). Cette même étude est nécessaire pour se tourner toujours en priant vers la Caaba (3), pour déterminer les commencemens des mois, connoître certains jours douteux (4), le temps des semailles, de la pousse des arbres, de la récolte des fruits, la position d'un lieu par rapport à un autre, et pour se diriger sans s'égarer. Le mouvement des corps célestes étant ainsi lié à plusieurs préceptes divins, et les observations faites du temps

قريب ثبت رسالة الريح راه ولي الترفرس
ثم الخطبة والاستتاح البه ان شاء الله

تعالى Vient ensuite la préface, dont le commencement ne renferme que des passages tirés du Coran, disposés sous les titres suivans : « Des cieux et de leur » création. Des signes du zodiaque. » Des astres. De la prière, et des heures » où l'on doit la faire. Du précepte de » se tourner vers la Caaba. Des sujets » d'instruction que nous fournissent le » ciel et la terre, et des signes de la » sagesse divine qu'ils renferment. » Je donne en entier la fin de cette même préface, où l'on trouvera l'historique de cet ouvrage; des réflexions sur l'art d'observer, qui font connoître l'exactitude de l'auteur; enfin la table des chapitres.

(1) Le jeûne des Mahométans commence, selon le précepte du Coran, lorsqu'on peut distinguer un fil blanc d'un noir, ou, selon quelques auteurs, au lever de la seconde aurore. (Coran, *surate 2, verset 188.* = Maracci, Prodrome, *partie 4, pag. 21.*)

(2) Les Mahométans font une prière publique pendant les éclipses de soleil, et des prières particulières dans celles de lune. *Voyez* Maracci, Prodrome, *part. 4, p. 15;* Reland, Religion des Mahométans, *pag. 73 et 97.*

(3) La Caaba ou maison quarrée est le temple de la Mecque si révéré des Mahométans. (D'Herbelot, Biblioth. Orient. *pag. 219.*)

(4) *Voy.* Maracci, Prodrome, *part. 4, pag. 21.*

بسم الله الرحمن الرحيم

.... ولما كان للكواكب ارتباط بالشرع في معرفة اوقات
الصلوات وطلوع الفجر الذي يحرم به علي الصايم الطعام
والشراب وهو اخراوقات الفجر وكذلك مغيب الشفق الذي
هو اول اوقات العشا الاخرة وانقضا الايمان والنذور والمعرفة
باوقات الكسوف للتاهب لصلاة والتوجه الي الكعبة لكل مصل
واوايل الشهور معرفة بعض الايام اذا وقع فيه شك واوان
الزرع ولقاح الشجر وجنا الثمار ومعرفة سمت مكان من مكان
والاهتدا عن الضلال وكان رصد اصحاب الممتحن قد بعد
عمن وكان عليه من الخلل ما وجد في ارصاد من تقدسهم من
اهل العلم والبطش مثل ارشميدس وابرخس وبطلميوس وغيرهم
امر مولانا وسيدنا امير المومنين ابو علي المنصور الامام الحاكم
بامر الله صلوات الله عليه وعلي ابايه الطاهرين وابنايه الاكرمين
بتجديد رصد الكواكب السريعة السير وبعض البطية

du calife Almamon étant déjà anciennes, et donnant lieu à
des erreurs comme celles faites précédemment par Archimède,
Hipparque, Ptolémée et autres, notre maître et seigneur l'émir
des croyans Abou Ali Almansour al imam al Hakem bamr
Allah (1) (que Dieu le bénisse, lui, ses vertueux ancêtres et
ses nobles descendans) a ordonné d'observer de nouveau les
corps célestes dont le mouvement est plus prompt, et plusieurs
de ceux dont la marche est plus lente.

Ali ebn Abdarrahman ebn Iounis ebn Abdalaala dit (2) :
Déterminé par les mêmes motifs, j'ai obéi aux ordres de l'émir
des croyans. Je me suis assuré d'abord de la bonté des instrumens avec lesquels j'observois ; je les ai fait construire avec le
plus de soin, et diviser avec le plus de précision qu'il m'a été
possible. J'ai employé beaucoup de temps à les examiner et
à les vérifier : je les ai comparés les uns aux autres pour m'as-
surer réciproquement de leur justesse ; et lorsque j'ai cru avoir
reconnu avec certitude les lieux des planètes dont le mouvement est le plus prompt, et des autres, je me suis servi, pour
déterminer les moyens mouvemens, des observations des anciens,
puisque c'est la seule manière de parvenir à cette détermination.
Du nombre de ces observations sont celles rapportées dans
l'Almageste, qui ont été faites par des astronomes antérieurs à
Ptolémée, et par Ptolémée lui-même. Je me suis servi aussi des
observations d'Iahia ebn Aboumansour et de ceux qui observoient avec lui (3), de celles des fils de Mousa ebn Shaker (4),

---

(1) *Voy.* au commencement de cette
Notice, *pag. 1.*

(2) On pourroit prendre ceci pour
une citation. Les auteurs Arabes placent
ainsi quelquefois leurs noms à la tête
de leurs ouvrages. Celui d'Albategnius
commence ainsi : *Mahometus Sineni filius
Alcharrani, qui et Albategnius dicitur,
inquit.* Hérodote a de même consigné
son nom à la tête de son Histoire.

(3) *Voy.* ci-devant p. 40. Ib. *note 2.*

(4) Ci-devant *pag. 42.*

قال علي بــن عبد الرحمــن بن يونس بــن عبد الاعلي

فامتثلت من ذلك ما امـرني به مـولانا امير المـــومنين

لما صـــح عند السبر من الالات الــرصديـة التي اجتهدت

في احكام صنعتها وصحة اماكـن اقسامها وجعلـت زمان

القياس بها طويلا وجعلت بعض الالة عبارا علي بعض احتياطا

ليشهد بعـــضها لبعض بالصواب فلما وضح لي الحـــق في

اماكن الكواكب السريعة السير وغيرها استعنت في استخراج

حركاتها الوسطي بارصاد المتقدمين اذ لا سبيل الي معرفتها

الا من هذا الوجه ومن ذلك ما ذكـره بطلميـوس في المجسطي

عن من تقدمه وعن نفسه ثم بارصاد يحيي بـن ابي منصور

ومن كان معه اذ ذاك وبارصاد بني موسي بن شاكر وبارصاد

الماهاني فان له ارصادا كثيرة وابي الحسن علي ابن اماجور فان

له ارصادا كثيرة واستعنت بما شاهدوه من اجتماع الكواكب

في الروية واعتمدت من ذلك علي ما كان فيه احد الكواكبين

المجتمعين قريبا من الاخر جدا وقرنت ذلك بما ذكروا ان الالة

de celles du Mahani (1), qui sont en grand nombre, enfin de celles d'Aboulhassan Ali ebn Amajour, qui en a fait aussi beaucoup (2). J'ai pareillement fait usage des conjonctions qu'ils ont observées, et j'ai pris pour base principalement celles dans lesquelles les deux astres en conjonction étoient très-voisins l'un de l'autre. J'ai comparé ce premier résultat avec le lieu que leur a donné l'instrument, et j'ai vérifié leurs mesures les unes par les autres. C'est ainsi que j'ai opéré par rapport aux conjonctions observées par ces auteurs, pour en conclure les lieux des planètes, leurs moyens mouvemens, leurs apogées, la grandeur de leurs équations, et obtenir, à force de combinaisons et de travail, les résultats que j'ai consignés dans cette Table, suivant dans tout cela la route tracée par Ptolémée dans son Almageste.

De l'Erreur des Instrumens qui servent à mesurer.

L'ART ne pouvant atteindre, dans la fabrication des instrumens, la justesse que conçoit l'esprit de l'artiste, soit pour égaliser leurs surfaces, soit pour les diviser et les centrer avec précision, il faut nécessairement qu'ils soient sujets à des erreurs provenant de quelqu'une de ces causes ou de leur situation par rapport à l'horizon. S'il y a une construction, elle est sujette à des dévers ou apparens ou insensibles; si les instrumens sont de bois, le bois se gauchit, sur-tout s'il est fixé dans un lieu exposé au soleil et à l'humidité. Il y aura toujours d'autant moins d'erreurs dans les instrumens, qu'ils auront été construits par un homme plus instruit, plus habile et plus attentif. A ce que je viens de dire, il faut ajouter, dans l'observateur, l'habitude d'observer, de placer d'aplomb, la justesse de l'aplomb lui-même, &c.

(1) *Voyez* ci-devant *p. 42, note 5.* | renfermées dans les chapitres IV et V
(2) Toutes ces observations sont | qu'on trouvera en entier ci-après.

القياسية

القياسية اخرجته وسبرت قياس بعــض بقياس بعـض وكذلك

فعلت فيما شاهدوا من اجتماعها مجتهدا في تحرير اماكنها

واوساطها واماكن اوجاتها وتعادير تعديلها حتي افضي في

الاجتهاد الي ما اثبت في هذا الزيج سالكا في ذلك السبيل

التي اوضحها بطلميوس في المجسطي والله اسل حسـن التوفيق

فيما قصدت بفضله وطوله انه جواد كريم   ذكر الزلل الذي

يعرض في الالات القياسية   لما كانت الالات القياسية لايمكن

ان تبلغ الصنعة فيهــا بالحقيقــة ما في العقــول من استوا

سطوحها ووضع اقسامها في اماكنها وكذلك التقب كان

لا بد ان يعرض لها الزلل من هذ الوجوه ومن الوزن وان كان

بنيانا فانه في اكثر الامر يعــرض له التراميل اما البين واما

الخفي وان كانت خشبا فانه يعوج ولا سيمـا ما كان ثابتا في

مكان واحد تصيبه الشمس والاندا وعلي حسب المعلم

والصنعة والتحفظ يكون البعد من الزلل ويتبع ما ذكرت

الدربة بالوزن والقياس وصحة الة الوزن وغيرها فان من ظـن

I

S'imaginer que chacun est en état de prendre toute espèce de mesure sans en avoir l'habitude ; et que tous les instrumens donnent des résultats sûrs, c'est être dans l'erreur. Celui qui veut faire de bonnes observations, doit s'appliquer long-temps à connoître les instrumens et s'accoutumer à s'en servir.

Cette Table contient quatre-vingt-un chapitres.

CHAP. I.er Des ères ; des opérations chronologiques par le calcul ou par les tables.

CHAP. II. (1) Des longitudes des lieux, de leur distance, et de la mesure dont on se sert pour l'évaluer.

CHAP. III. Du temps moyen et du temps vrai ; de la manière de convertir l'un dans l'autre ; et des diverses méthodes employées pour cela par les auteurs de tables.

CHAP. IV. De la table vérifiée (2) et autres, et des erreurs qu'elles renferment.

CHAP. V. Des observations du soleil postérieures aux auteurs de la table vérifiée.

CHAP. VI. Des moyens mouvemens de cette table, de ses équations, et des lieux de ses apogées.

CHAP. VII. De la correction du temps à cause de la différence des méridiens entre le lieu pour lequel cette table est construite, et ceux qui n'ont pas la même longitude.

CHAP. VIII. Des lieux des apogées et des nœuds.

CHAP. IX. Pour trouver le lieu du soleil, de la lune et de toutes les planètes.

CHAP. X. Des cordes du cercle, des sinus, et de la manière d'en dresser des tables.

(1) Le titre de ce chapitre a été omis ici ; je le donne tel qu'il se trouve dans le corps du manuscrit.

(2) *Voy.* ci-devant *pag.* 42. Ibid. *note 3.*

انه يمكن كل واحد ان يقيس قياسا من قضي من غير دربة وان

كل الة قياسية تـؤدي الي الحق غالط واما ينبغي لـمـن اراد

ذلك ان يجعل اولا زمانا لمعرفة الالات والتدرب بالقياس حتي

يكون قياسه عن علم بصحة الته ودربة بالقياس ۞ عدد ابواب

هذا الزيج احد وثمانون بابا آ في التواريخ بالحساب وبالجداول

ب في اطـوال البلدان وما بـيـن الامـاكـن من الذرع

والمقدار الذي يقـاس به ج في الزمان الاوسـط والزمان

المختلف ونقل بعضها الي بعض وما عـرض بين اصحـاب

الازياج من الاختلاف في تعديلها د في ذكر الزيج الممتحن

وغيره وما عـرض فيها من الخـلاف للصواب ﻫ في ارصاد

الذين رصدوا الشمس بعـد رصد اصحاب الممتحن و في

اوساط هذا الزيج وتعاديـلـه واماـكـن اوجاتة ز في تصحيح

التواريخ بما يلزمها بسبب المكان الذي بني له هذا التاريخ

وغيره من الاماكن التي تخالفه في الطول ح في اماكن

الاوجات والجوزهرات ط في تقويم الشمس والقمر وسايـر

CHAP. XI. De l'obliquité de l'écliptique, de l'ombre, et des tables qui y sont relatives.

CHAP. XII. De la hauteur méridienne dans toutes les latitudes, et lorsqu'il n'y a pas de latitude.

CHAP. XIII. Des ascensions des signes dans la sphère droite, c'est-à-dire, sous l'équateur.

CHAP. XIV. Du calcul de la moitié de l'augmentation ou de la diminution des jours dans les sphères (1) obliques, ou des différences ascensionnelles dans ces mêmes sphères.

CHAP. XV. Des arcs diurne et nocturne ; des parties des heures du jour et de la nuit ; des heures égales et inégales.

CHAP. XVI. Du lever de l'aurore et du coucher du crépuscule.

CHAP. XVII. Des douze maisons.

CHAP. XVIII. De l'amplitude ortive, et de la hauteur qui n'a pas d'azimut.

CHAP. XIX. Du changement d'horizon.

CHAP. XX. Trouver l'azimut par la hauteur, et réciproquement.

CHAP. XXI. Trouver la latitude du lieu et la déclinaison du soleil par une même hauteur dont l'azimut est connu, dans deux degrés opposés du zodiaque.

CHAP. XXII. Trouver la latitude d'un lieu par l'amplitude ortive et la hauteur qui n'a pas d'azimut, lorsqu'elles sont connues dans un même degré du zodiaque. (2).

CHAP. XXIII. Trouver l'azimut du soleil, lorsque son lieu est inconnu et la latitude connue.

CHAP. XXIV. Tracer une méridienne par la hauteur dont l'azimut est 30°, et autres hauteurs dont les azimuts sont connus au nombre de dix.

(1) Il faut ajouter dans le texte, après الّتي, les mots في الاكلاك qui me paroissent avoir été omis par le copiste.

(2) Ce chapitre termine le manuscrit de la bibliothèque de Leyde.

ٱلكواكب ـىي في معرفة اوتار الدايرة والجيوب واثباتها في
الجداول يآ في الميل وحسابه والظل واثباتها في الجـداول
يب في ارتفاع نصف النهار في ساير العروض وما لاعرض له
ـيج في مطالع البروج في افـلاك نصف النهار التي هي
افاق من تحت معدل النهار يد في حساب نصف فضل
النهار او نصف نقصانه التي لها عرض وهو بعينه فـضل
المطالع في ذلك العرض يه في معرفة قوس النهار وقـوس
الليل واجزا ساعات النهار واجزا ساعات الليل ومعرفة الساعات
المستويات من المعـوجات والمعـوجات من المستويات يو في
معرفة طلوع الفجر ومغيب الشفـق يز في اقامـة البيوت
الأثني عشر يـح في سعة المشرق والارتفاع الذي لا سمت له يط
في معرفة اختلاف الافق ك في معرفة السمت من الارتفاع
والارتفاع من السمت كآ في معرفة عرض البلد وميل الشمس
اذا كان ارتفاع واحد بعينه لجزين متقابلين من فـلك البروج وكان
سمت ذلك لارتفاع في كل واحد من الجزين المتقابلين معلوما

CHAP. XXV. Du calcul des hauteurs correspondantes, et de la manière de tracer par leur moyen une méridienne.

CHAP. XXVI. Trouver la hauteur et l'azimut par le style placé sur la méridienne.

CHAP. XXVII. Trouver la hauteur des heures marquées sur le cadran (1).

CHAP. XXVIII. Trouver la kebla (2), ou se tourner vers la Caaba (3).

CHAP. XXIX. La longitude et la latitude de deux lieux étant connues, et la hauteur dans l'un des deux aussi connue, trouver l'ascendant dans l'autre pour le même instant.

CHAP. XXX. Trouver la latitude du lieu (par le cercle oriental) (4).

CHAP. XXXI. Trouver l'ascendant, lorsqu'on n'a pas les ascensions du lieu.

CHAP. XXXII. Trouver le degré du milieu du ciel par les ascensions de l'ascendant, lorsqu'on n'a pas les ascensions droites.

CHAP. XXXIII. Trouver l'arc de la révolution de la sphère entre deux hauteurs données, lorsque la latitude du lieu et le lieu du soleil sont inconnus.

CHAP. XXXIV. Des ascensions de l'azimut.

CHAP. XXXV. Trouver la latitude du lieu et la longueur du mékyas (5) des heures simples, quand ce mékyas est perdu, et que la latitude du lieu est inconnue.

CHAP. XXXVI. Étant donnés deux points du zodiaque entre

---

(1) Le mot *touch* لوح du texte signi- | (4) Je ne suis pas certain d'avoir bien
fie proprement *planche*, *tablette*. | lu les mots داير غربية, [*circulus orien-*
 | *talis*] qu'on voit ici dans le texte. Le
(2) *Voy.* sur ce mot la Bibliothèque | premier de ces mots a été corrigé dans le
Orientale de d'Herbelot, *p. 952.* | manuscrit, et le second est presque effacé.

(3) *Voyez* ci-devant, *pag. 76.* | (5) Instrument à mesurer.

كب في معرفة عرض البلد من سعة المشرق والارتفاع

الذي لا سمت له اذا كانا معلومين بجز واحد من فلك البروج

كج في معرفة سمت الشمس اذ لم يكن مكانها معلوما وكان

عرض البلد معلوما ومعرفة السمت بقوس العرض وقوس

الخصوص ٍ كد في اخراج خط نصف النهار بالارتفاع الذي

سمته ٍ ل وغيره من الارتفاعات التي سموتها معلومة وهي

عشرة ٍ كه في حساب الارتفاعات التكافية واخراج خط

نصف النهار بها ٍ كو في معرفة الارتفاع والسمت في القايم

علي خط نصف النهار ٍ كز في معرفة ارتفاع الساعات التي

فى اللوح ٍ كح في معرفة سمت القبلة وهو التوجه الي الكعبة

كط اذا كان بلدان طول كل واحد منها معلوم وعرضه

معلوم وكان الارتفاع في احدها معلوما واردت ان تعلم الطالع

في الاخر في ذلك الوقت ٍ ل في معرفة عرض البلد من دايرة

شرقية ٍ لا في معرفة الطالع اذا لم تحضر مطالع البلد ٍ لب

في معرفة جزوسط السما من مطالع الطالع اذا لم تحضر

l'ascendant et la septième maison dans l'ordre des signes dont la hauteur soit la même, la latitude du lieu étant connue, la hauteur de ces deux points sera aussi connue.

CHAP. XXXVII. Trouver le degré du zodiaque élevé de 90 degrés dans certaines latitudes.

CHAP. XXXVIII. Des latitudes des astres.

CHAP. XXXIX. De la déclinaison des astres qui ont une latitude.

CHAP. XL. Trouver la hauteur des astres dans le cercle du milieu du ciel.

CHAP. XLI. Trouver la latitude du lieu par la déclinaison d'un astre, et sa hauteur dans le cercle du milieu du ciel.

CHAP. XLII. Trouver l'arc diurne et l'arc nocturne d'un astre, et le sinus verse de son arc semi-diurne.

CHAP. XLIII. Trouver le degré qui parvient au milieu du ciel avec un astre.

CHAP. XLIV. Trouver le degré qui se lève avec un astre et celui qui se couche avec lui.

CHAP. XLV. Du lever des étoiles fixes; si une étoile se lève de jour ou de nuit.

CHAP. XLVI. Trouver l'ascendant par la hauteur d'une étoile fixe ou d'une planète, et le temps de la nuit en heures égales et inégales.

CHAP. XLVII. Trouver l'arc qu'un astre a parcouru (1), par sa hauteur; et sa hauteur, par l'arc qu'il a parcouru.

CHAP. XLVIII. Trouver le lieu d'un astre par rapport à l'écliptique, sa déclinaison et sa latitude étant connues.

(1) Sur le mot دائر voyez ci-devant *page 52, note 2,* et le titre du chapitre 33, *pag. 89.*

طالع

مطالع الفلك المستقيم لج في معرفة الداير من الفلك بين
ارتفاعين معلومين اذا كان عرض البلد مجهولا ومكان الشمس
مجهولا لد في مطالع السمت له في معرفة عرض البلد
وطول مقياس الساعات البسيطة اذا ضاع مقياسها ولم يكن
عرض البلد معلوما لو اذا كان جزان معلومان من فلك البروج
فيما بين السابع والطالع علي توالي البروج وكان ارتفاعها
واحد وعرض البلد معلوم فان ارتفاع كل واحد منها معلوم
لن في معرفة اي جز من اجزا فلك البروج يرتفع ص
في بعض العروض لح في عروض الكواكب لط في
معرفة بعد الكوكب اذا كان له عرض عن معدل النهار م
في معرفة ارتفاع الكواكب في دايرة وسط السما ما في
معرفة عرض البلد من بعد الكواكب عن معدل النهار
وارتفاعه في دايرة وسط السما مب في معرفة قوس
الكوكب فوق الارض وتحتها وجيب نصف قوسه المعكوس
فوق الارض مج في معرفة الدرجة التي توافي مع الكوكب

CHAP. XLIX. Trouver le lieu d'un astre par rapport à l'écliptique, par sa déclinaison, le degré qui passe au méridien, et le degré qui se lève et se couche avec lui.

CHAP. L. Trouver l'amplitude ortive et occase.

CHAP. LI. Trouver l'azimut (1) d'un astre.

CHAP. LII. Trouver la hauteur d'une étoile fixe au moment où cette étoile n'a pas d'azimut.

CHAP. LIII. Trouver la hauteur d'un astre par son azimut.

CHAP. LIV. Trouver la hauteur du pôle de l'écliptique.

CHAP. LV. Déterminer la distance du soleil du centre de la terre.

CHAP. LVI. Déterminer la distance de la lune du centre de la terre.

CHAP. LVII. Trouver la hauteur d'un astre lorsqu'il a la latitude de la lune ou autre.

CHAP. LVIII. Trouver la distance de l'azimut d'un astre qui a une latitude de l'ascendant et du couchant, selon qu'il est plus près de l'un ou de l'autre.

---

(1) Le mot arabe *alsemt* السمت (prononcez *assemt*) signifie proprement la partie du monde, le point de l'horizon auquel répond un objet : il fait au pluriel *alsemut* (prononcez *assemout*). C'est de ce pluriel que vient le mot *azimut*. L'arc du semt, que nous appelons simplement *azimut*, est l'arc de l'horizon compris depuis l'orient ou l'occident équinoxial jusqu'au point où tombe le vertical qui passe par le centre d'un astre. Les astronomes modernes comptent, au contraire, cet arc depuis le méridien. Voy. *Astronomica quædam ex traditione Shah Cholgii Persæ*, p. 82; l'Almageste de Riccioli, *t. I, p. 29*, et l'Astronomie du C.ᵉⁿ Lalande, *t. I, p. 63*. Les Arabes appellent *semt alras* سمت الراس [*tractus capitis*], la partie du ciel qui répond au dessus de nos têtes. De cette expression on n'a conservé que le premier mot, dont on a fait celui de zénit. Ils disent de même *semt al-cadam* سمت القدم [*tractus pedis*] pour indiquer la partie du ciel située sous nos pieds. Ils l'appellent aussi *al nadir* النظير [le nadir], mot que nous avons conservé, et qui signifie en arabe, *situé à l'opposite*.

وسط السما مدّ في معرفة الدرجة التي تطلع مع الكوكب

والدرجة التي تغرب معه مة في معرفة طلوع الكواكب

الثابتة ايطلع الكوكب منها نهارا او ليلا مو في معرفة

الطالع بارتفاع احد الكواكب الثابتة والسيارة وما مضى

من الليل من الساعات الزمانيات والمعتدلات مز في معرفة

الداير من قوس الكوكب من ارتفاعه وارتفاعه من الداير من

قوسه ح في معرفة مكان الكوكب من فلك البروج من بعد

عن معدل النهار وعرضه اذا كانا معلومين مط في معرفة

مكان الكوكب من فلك البروج من بعد عن معدل النهار

والجز الذي يوافي معه وسط السما والدرجة التي تطلع معها

وتغرب ن في معرفة سعة مشرق الكوكب وسعة مغربها

نا في معرفة سمت الكوكب نب في معرفة ارتفاع احد

الكواكب الثابتة حين يكون ذلك الكوكب لا سمت له نج

في معرفة ارتفاع الكوكب من سمته ند في معرفة ارتفاع

قطب فلك البروج نه في معرفة بعد الشمس من مركز

_____

(1) J'ai supprimé dans le titre de ce chapitre les mots الظل طرف qui se sont glissés mal-à-propos dans le ma- | nuscrit, après les mots القمر بعد من من مركز الأرض

الارض   نو في بعد القمر من مركز الارض   نز في معرفـة

ارتفاع الكوكب اذا كان له عرض القمر وعين   نح في معرفة

بعد سمت الكوكب اذا كان له عرض من الطالع والغارب

الى ايهاكان اقرب   نط في حساب الاجتماع والاستقبال   س

في اختلاف منظر ارتفـاع الشمس والقمـر   سا في زاوية

الطول وزاوية العرض   سب في الزوايا التي تكون من

مقاطعة دايرة نصف النهار لدايرة فلك البروج   سج في

اختلاف المنظر والمكن الذي توافيه الشمس بالعيان   سد في

قطر الشمس والقمر والظل   سه في معرفة بعد طرف

الظل من مركز الارض   سو في معرفة نصف قطر الظل

من بعد القمر من مركز الارض وبعد طرف الظل من مركز

الارض اذا كانا معلومين   سز في معرفة ما بين بعد الشمس

الابعد وبعدها الاقرب من الاجزا التي كل واحد منها مثل

نصف قطر الارض   سح في معرفة قطر الشمس في سايـر

ابعادها   سط في معرفة قطر القمر   ع في معرفة قطر

CHAPITRES I, II et III (2).

CHAPITRE IV.

Des planètes de la table vérifiée, et de l'erreur de ceux qui vantent son exactitude.

Avant de parler de la recherche des lieux vrais, et des diverses circonstances du mouvement des planètes, d'après ma

---

(1) Ce sont ceux que les astrologues appellent *cardines* الاوتاد. Ulug Beg, *sermo 3, cap. 12.* در معرفت نسوبة البيوت طالع وعاشر وتسطاير ابن دورا ارباد خرانند

(2) J'ai prévenu (*ci-devant p. 43*) que je ne m'occuperois pas en ce moment du premier chapitre qui traite de la chronologie.

Dans le chapitre II, l'auteur enseigne la manière de déterminer les différences en longitude par les éclipses de lune.

J'y ai remarqué le passage suivant sur la mesure du degré.

« Send Ebn Ali rapporte qu'Alma-
» mon lui ordonna, à lui et à Khaled
» ebn Abdalmalik Almerouroudi, de
» mesurer un degré d'un grand cercle
» de la surface de la terre. Nous par-
» times, dit-il, ensemble pour cet ob-
» jet. Il donna le même ordre à Ali
» ebn Isa Alastharlabi et à Ali ebn
» Albahtari, qui se portèrent d'un autre
» côté. Pour nous, continue Send,

الظل عا في معرفة مسير الشمس المختلف في الساعة
المعتدلة عب في معرفة مسير القمر المختلف في الساعة
المعتدلة عج في معرفة قطر الشمس والقمر ونصف قطر
الظل من الجداول عد في كسوف القمر عه في كسوف
الشمس عو في ظهور الكواكب واختفائها عز في انوار
الكواكب بمذهب الجماعة عح في معرفة ابعاد الكواكب
من الاوتاد بدرج معدل النهار عط في معرفة مواقع انوار
الكواكب علي راي طائفة اخري ق في التسيير قآ في
تحاويل سني العالم والمواليد

الباب الرابع في كواكب الزيج الممتحن وغلط من
غالي في صحتها

اني ذاكر من قبل ذكر تعديل الكواكب واحوالها في
هذا الزيج غلط من غالي في صحة الزيج الممتحن واستشهد
علي صحة ما اقول بارآ العلما الذين كانوا في زمان الرصد
وبعدك الي قريب من عصرنا وما خبروا به عن كسوفات كثيرة

table, je vais traiter de l'erreur de ceux qui vantent l'exactitude de la table vérifiée. J'appuierai mon sentiment sur le témoignage des savans qui ont vécu à l'époque de la construction de cette table (1), et postérieurement, jusque près de notre temps. Je

» nous nous rendîmes entre Wamia [a] et » Tadmor, et nous y déterminâmes la » mesure d'un degré de la terre, qui se » trouva de 57 milles. Ali ebn Isa et » Ali ebn Albahtari trouvèrent la même » quantité, et les deux rapports con- » tenant la même mesure arrivèrent » des deux endroits en même temps.

» Ahmed ebn Abdallah, surnommé » Habash, rapporte dans son Traité des » observations faites à Damas par les » auteurs de la table vérifiée, qu'Al- » mamon leur ordonna de mesurer le » degré d'un grand cercle de la terre. » Ils s'avancèrent dans la plaine de » Sinjar jusqu'à ce que les hauteurs » méridiennes observées le même jour » différassent d'un degré. Ils mesu- » rèrent ensuite la distance des deux » lieux, qui étoit de 56 milles ½, chaque » mille contenant quatre mille coudées » noires [b] adoptées par Almamon.

» Pour qu'une pareille mesure soit » juste, il faut, outre la différence d'un » degré dans les hauteurs méridiennes, » que les observateurs soient toujours » dans le plan du même méridien. Pour » y parvenir, après avoir choisi deux » lieux unis et découverts, il faut tra-

» cer une méridienne dans le lieu d'où » on commence à mesurer, prendre deux » bons cordeaux d'environ cinquante » coudées · chacun, appliquer le bout » du premier sur la méridienne, placer » le bout du second au milieu du pre- » mier et l'appliquer dessus; lever en- » suite le premier cordeau, en porter le » bout au milieu du second, et toujours » de la même manière. Ainsi on ne s'é- » cartera pas de la direction de la méri- » dienne; et lorsqu'on aura trouvé dans » les hauteurs méridiennes observées le » même jour avec deux bons instrumens » qui marquent chacun les minutes, une » différence d'un degré, on mesurera » la distance des deux lieux, qui sera » la grandeur d'un degré. On peut, au » lieu des deux cordeaux, se servir de » trois corps alignés sur la méridienne. » On levera le plus près de l'œil, pour » le porter en avant, ensuite le second, » le troisième, et ainsi de suite. »

(1) Par le mot *al rasd* الرصد [obser- vatio] du texte, il faut entendre رصد الزيج الممتحن littéralement *observatio tabulæ probatæ ;* expression qui in- dique que cette table est fondée sur des observations.

---

[a] Je crois que c'est *Apamée*, qui est ordi- nairement appelée en arabe *Famiah* ou *Afamia.* Voy. la Syrie d'Abulféda, p. 114. Blasoudi, en parlant de cette mesure, nomme *Racca* et *Tadmor.* Voy. le premier volume des Notices, pag. 51.

[b] Voy. les notes de Golius sur Alfergan, pag. 73; Casiri, Bibl. Ar. Hisp. t. I, p. 365.

شامسية

شمسية وقمرية لم يجر الامر فيها علي نظام واحد بالحساب
المتمحن بل خالف المحسوب المحسوس تارة بالزيادة في الزمان
وتارة بالنقصان منه وتارة وافقه وهذا شاهد بفساد الاصول
التي منها يحسب الكسوف ويشهد بمثل ذلك ما ذكروا في
مقادير الاظلام من مخالفة الحساب للعيان بالزيادة
والنقصان واجتماعات كثيرة للكواكب خالف فيها ايضا
العيان الحساب وارصاد لها كثيرة خالف فيها ما خرج
بذات الحلق اماكنها الحسابية ولم يكن غرضي انتقاص
هذا الزيج لصعوبة الامر عندي وعند العلما بالقياس والرصد
ولكن لتتنبه هذه الطايفة من غفلتهم فان من غرضه الحق
يتامل قول داعيه اليه ويمنع نفسه من الهوي ومن غرضه
العناد يمنعه الهوا من استماع القول فضلا عن التامل نسل
الله حسن التوفين   كلام لاحمد بن عبد الله المعروف بحبش
قال احمد بن عبد الله المعروف بحبش كان الكسوف القمري
بعد النيروز سنة ٢٠٨ ليزدجرد وكان بالممتحن ويحساب

L

rapporterai plusieurs éclipses de lune et de soleil qu'ils nous ont transmises, dans lesquelles le calcul fait d'après la table vérifiée, n'a pas donné un résultat uniforme, mais s'est trouvé différer de l'observation, tantôt en plus, tantôt en moins, et quelquefois s'y est trouvé conforme ; ce qui prouve la défectuosité des élémens du calcul des éclipses.

Cette même défectuosité est attestée par des différences pareilles que ces savans ont remarquées dans la grandeur des éclipses entre le calcul et l'observation, et par beaucoup de conjonctions. dont l'instant observé n'étoit pas celui que donnoit le calcul, et dont le lieu également observé par le moyen des armilles (1) différoit pareillement du calcul.

Mon intention ici n'est pas de diminuer le mérite de la table vérifiée (je connois trop, ainsi que ceux qui sont versés dans les divers genres d'observations, toute la difficulté de la science), mais d'éveiller l'attention des astronomes, et de stimuler leur négligence. Celui qui cherche la vérité, écoute la voix qui l'appelle vers elle, et ne se laisse pas entraîner par le préjugé: quant à celui qui ne cherche qu'à contrarier, la passion l'empêche de prêter l'oreille à la vérité, à plus forte raison de l'examiner.

Passage d'Ahmed ebn Abdallah, connu sous le nom de *Habash* (2).

(1) En arabe ذات الحلق *zat al-halac* [instrument composé de plusieurs cercles ou anneaux]. C'est sans fondement que Flamsteed a avancé (*Prolegomena*, p. 26) que les Arabes n'avoient pas fait usage des armilles. Cet auteur avoit dit, quelques pages auparavant : *Armille.... Arabibus non erant ignotæ.* (Ibid. p. 20.)

(2) « Habash le calculateur, origi- » naire de Merou et habitant de Bagdad, » fut un des astronomes qui fleurirent » sous Almamon. Il composa trois ta- » bles : la première est selon la méthode » du Sendhend : la deuxième, et la » plus célèbre des trois, est sa *Table* » *vérifiée* ; il la composa lorsqu'il eut » reconnu la nécessité d'avoir égard aux

بطـــلميوس قريبا من قريب وكان حساب بطلميوس احعـها
علي ان البعد بين بغـداذ والاسكندرية ٮ دقيقـة من ساعـة
معتدلة فاما الكسوف الشمسي الذي كان في هـذ السنة في
اخر شهر رمـــضان فان الحسبانات كلها اخطات فيه وكان
ارتفاع الشمس لابتدايه فيما زعمـوٮ درجات وكان انقـضاوه
وارتفاعها نحو كد درجة فكانه علي ثلاث ساعات من النهار،
كسوف قمري ذكره الماهاني كان للقمر كسوف في شهر
رمضان سنة ٣٢٣ للهجرة في ليلة السبت للنصف من الشهر
والذي وجد بالـرصد ان ابتدا هـذا الكسوف كان بعـد
نصف نهار يوم الجمعة بعشر ساعات وشي يسير شبيه بنصف
عشر ساعة ولم ناخذ من اوقاتة شيا سوي الابتدا ووجد انه قد
بقي من جربه مما لم يدخل في الكسوف ارجح من العشر والذي
وجد من الاختلاف في اصابع الكـسـوف بين الحسـاب
والرصد وهو نحو من اصبع يجوز ان يكون من قبل عـرض
القمر وانه في الحقيقة اكثر مما بني عليه الحساب ويجوز

(Éclipse de lune observée à Bagdad, le 20 juin 829, ère vulgaire.)

Il y eut, dit Habash, une éclipse de lune l'an 198 d'Izdjerd (1). Le calcul de la *Table vérifiée*, et celui de Ptolémée, furent assez conformes à l'observation ; mais celui de Ptolémée fut le plus juste, en supposant la distance entre Bagdad et Alexandrie de 50', heures égales (2).

(Éclipse de soleil observée à Bagdad le 30 novembre 829, ère vulgaire.)

Quant à l'éclipse de soleil qui arriva la même année, le dernier de ramadhan, tous les calculs en furent faux. Hauteur du soleil au commencement, selon le rapport des astronomes, 7° (3); hauteur à la fin 24°, sur les trois heures du jour environ.

» observations, et il l'assujettit à celles » faites de son temps : la troisième est » la petite table connue sous le nom » d'*Alshah.* » (Abulph. Hist. des dynasties, Lat. *pag. 161*; Ar. *pag. 247.*) Les titres des deux premières tables dont il est question dans ce passage, sont un peu défigurés dans l'Histoire de l'astronomie moderne, t. I, Éclaircissemens, p. *583*. *Voy.* aussi p. *586*, et Bibl. Orient. p. *935.* Le Sendhend dont il est question dans ce passage d'Abulpharage, est un livre Indien qui traite d'astronomie. *Voyez* le tome I.er des Notices, *pag. 7.*

(1) Cette année commence au 28 avril 829, ère vulgaire, et finit au 27 avril 830. Il n'y eut dans cet intervalle qu'une éclipse de lune, marquée au 20 juin dans la chronologie des éclipses de Pingré.

(2) Cette différence est précisément celle que Ptolémée suppose entre Alexandrie et l'ancienne Babylone. Selon les observations du C.en Beauchamp, Babylone étoit réellement plus orientale qu'Alexandrie, de 57' de temps. (Mémoire du C.en Laplace, dans la Connoissance des temps de l'an 8, *p. 370.*)

(3) Cette éclipse et les suivantes ont été vérifiées par le C.en Bouvard, membre adjoint du bureau des longitudes, à qui je les communiquois à mesure que je les traduisois, et qui en a déduit des résultats importans. *Voy.* Hist. de la classe des sciences mathématiques et physiques, *p. 1*, Le C.en Bouvard me faisoit part des résultats que lui donnoit le calcul; et plusieurs fois la connoissance de ces résultats m'a servi à mieux entendre mon auteur.

ان يكون من قطر ظل الارض وانه اقل مما بـني عليه
بالحساب ، قال الماهاني والذي اظـن انا انه من قبل ظل
الارض وانه اقل مما بني عليه الحساب والذي يدل عليه امر
هـذا الكسـوف انه ينبغي ان ينقص من قطر ظل الارض
خمس دقايق ليصير ما يلحق نصف قطر الظل النصف من
ذلك فابا ما وجد من الاختلاف بـين وقت الابتدا بالحساب
والرصد فانه يدل علي ان موضع القمر بالحقيقة كان اقل من
موضعه بالحساب بقريب من سدس درجة وهـذا يدل علي
احد امرين اما ان ينبغي ان ينقص من الاوسـاط هـذا
القدر واما ان يزاد في جملة تعديل الحصة هذا القدر لان
تعديل الحصة في هـذا الكسوف كان ينقص من المسير فان
وجد هذا في كسـوفات عدة فينبغي ان تكـون العلـة في
الاوساط وان اختلف فيقدم تارة ويأخر اخري فالعلة في تعديل
الحصة فينبغي ان يمتحن هذا في كسوفات عدة وقد يجوز ان
يكون هذا من خطا في موضع الجوزهر   كسوف قمري ذكره

Éclipses rapportées par le Mahani (1).

(Éclipse de lune observée à Bagdad le 16 février 854, ère vulgaire.)

Il y eut éclipse de lune, dit le Mahani, la septième férie, 15 de ramadhan, l'an 239 de l'hégire. On trouva par l'observation, que le commencement arriva à 10^h 3' environ après midi de la sixième férie. On n'observa pas d'autre instant que celui du commencement. On trouva que la partie non éclipsée du disque de la lune excédoit $\frac{1}{10}$. La différence par rapport aux doigts de l'éclipse entre le calcul et l'observation, fut d'environ un doigt (2).

Cette différence doit venir ou de la latitude de la lune, plus grande que celle qui servoit de base au calcul, ou bien du diamètre de l'ombre de la terre, plus petit que celui que supposoit le calcul. Je pense, dit le Mahani, qu'elle provenoit de l'ombre de la terre, plus petite que ne la faisoit le calcul. Cette éclipse prouve qu'il faut diminuer le diamètre de l'ombre de la terre de 5', et le rayon, par conséquent, de la moitié de cette quantité.

La différence trouvée dans le temps du commencement de l'éclipse, entre le calcul et l'observation, indique que le lieu vrai de la lune étoit moindre que le lieu calculé, d'environ 10'; ce qui nous conduit à une de ces deux conséquences, ou qu'il

(1) *Voy.* ci-devant *p. 42 note* (5). Les observations du Mahani doivent avoir été faites à Bagdad où il demeuroit. *Voy.* le Catalogue des manuscrits Arabes de la Bibliothèque de l'Escurial. *t. I, p. 431.* Cette circonstance, si importante pour pouvoir faire usage de ses observations, ne se trouve que dans le texte Arabe rapporté dans ce Catalogue;

elle a été omise dans la version Latine.

(2) Il s'agit ici de doigts ou douzièmes parties de la surface du disque. *Voyez,* sur cette manière de mesurer la grandeur des éclipses, Ptolémée (Almageste, *liv. VI, chap. 7*). On trouvera aussi dans cet auteur, *pag. 147,* une table pour convertir les doigts du diamètre en doigts de la surface.

الماهاني انكسف القمر في شهر ربيع الاول سنة ٢٢٤ للهجرة

في ليلة الاحد لثلاث عشرة خلت من شهر ربيع الاول ووجد

وقت ابتدا هذا الكسوف بالرصد وارتفاع الدبران مـــد ل

شرقي ولم ناخذ من اوقاته شيا ويعزيه غير هـذا الوقت فانه

وقت مستقصا مصحح وقسنا وقت تمام الكسوف وهو وقت

ابتدا المكث فوجدناه وارتفاع الشامية ما بين كب الي كج

شرقي وهذا القياس ليس بالمستقصي اعــني قياس ابتدا

المكث ولاكنه بالتقريب وعملنا وقت الابتدا بالاسطرلاب علي

ارتفاع الدبران فوجدناه بعد نصف الليل بمقدار مـد درجة

وكان وقت الابتدا متاخرا عن وقته ثماني درج لمدار الفـلك

وعملنا وقت ابتدا المكث بالاسطرلاب علي ان ارتفاع الشامية

كج فخرج بعد الابتدا بثلاثة وعشرين جزا من مدار الفـلك

ونصف جز ، كسوف ثالث قمري ذكره الماهاني كان للقمر

كسوف ليلة الاثنين للنصف من صفر من سنة ٢٤٢ للهجرة

ثاني خرداد وروز بهمن سنة ٢٢٢ ليزدجرد والذي وحد بالرصد

faut retrancher des moyens mouvemens cette quantité, ou qu'il faut l'ajouter à l'équation qui étoit soustractive dans cette éclipse. Si la même chose se trouve dans un grand nombre d'éclipses, il faut que la cause soit dans les moyens mouvemens; s'il y a variété, et que l'éclipse tantôt avance et tantôt retarde, il faut que la cause soit dans l'équation. L'examen d'un grand nombre d'éclipses nous apprendra cela. Il se peut aussi qu'il y ait erreur dans le lieu des nœuds.

(*Éclipse de lune observée à Bagdad le 12 août 854, ère vulgaire.*)

Il y eut éclipse de lune, dit le Mahani, la première férie, 14 de rabi premier, l'an 240 de l'hégire. On observa, au commencement de l'éclipse, la hauteur d'aldébaran de 45° 30′ à l'orient : on n'observa point d'autre instant ni d'autre circonstance de cette éclipse (1), que l'instant du commencement, qui est exact et précis. Nous avons calculé le moment de l'éclipse totale, qui est le commencement de l'immersion, et nous avons trouvé la hauteur de procyon de 22 à 23° à l'orient. Ce calcul du commencement de l'immersion n'est pas parfaitement exact, mais approximatif.

Nous avons déterminé le temps du commencement de l'éclipse au moyen de l'astrolabe (2), d'après l'élévation d'aldébaran; et nous l'avons trouvé de 44° de la révolution de la sphère après minuit. Ce commencement retardoit de huit degrés.

---

(1) Le mot معنى du texte Arabe, p. 87, ligne 4, doit se lire, je crois, تَعَنْزُل. Ce dérivé est rendu dans le dictionnaire de Golius par *attributio*; mais on voit par les significations de la racine عني qu'il doit aussi signifier, *res quæ pertinet, quæ relationem habet ad*, l'infinitif étant pris ici substantivement.

(2) L'astrolabe servoit autrefois à prendre des hauteurs, et à exécuter beaucoup d'opérations dans lesquelles on ne cherchoit pas une grande précision. Voy. *Christoph. Clavii Astrolabium*, et Briève explication de l'usage de l'astrolabe, par Henrion.

ان

ان ابتدا الكسوف كان وارتفاع الـدبران شرقي طآل دقيقـة
ويصير بمقدار دوران الفلك من نصف الليل الي هذا الوقت
علي انا عملناه بالاسطرلاب ٢٦ درجة ولم ناخذ من اوقاتة شيا سوا
الابتدا ووجد الذي بقي من جرمه ما لم يدخل في الكسوف
ارجح من ربعه واقل من ثلثه فقد صار ما ظهر من الكسوف
اكثر مما دل عليه الحساب باقل من اصبع وصار وقت الابتدا
متاخر عن الوقت الذي دل عليه الحساب بنحـو من نصف
ساعة فقد توالت كسوفات ثلاثة يتاخر في كل واحد منهـا
وقت ابتدا الكسوف عن وقت ابتدآيه بالحساب قـريبا من
نصف ساعة معتدلة واما مقدار ما ينكسف منه فانه وجدناه
بالرصد في احدا المرار ناقصا عن الحساب بنحو اصبع وفي
احد المرار زايدا علي الحساب نحـو اصبع وكان العرض في
كلتي المرتين جنوبيا وكان القمر في المرة التي زاد مقـدار
الكسوف فيها علي مقدان بالحساب وهو بجـــن المرة ذاهبا
الي راس الجوزهر فلم يبلغه بعد وفي المرة الاخرا التي نقص

Nous avons déterminé pareillement le commencement de l'immersion avec l'astrolabe, d'après la hauteur de procyon, de 23°; et nous avons trouvé 23° 30' de la révolution de la sphère, après le commencement.

(Éclipse de lune observée à Bagdad le 22 juin 856, ère vulgaire.)

Il y eut, dit le Mahani, éclipse de lune la seconde férie, 15 de safar, l'an 242 de l'hégire, 2 de khordad, jour de bahmen de l'an 225 d'Izdjerd.

On observa, au commencement de l'éclipse, la hauteur d'al-débaran de 9° 30' à l'orient, et la révolution de la sphère, depuis minuit jusqu'à ce moment, étoit, comme nous l'avons déterminé avec l'astrolabe, de 50°. Nous n'avons observé que le moment du commencement.

La partie non éclipsée fut trouvée plus grande que le $\frac{1}{4}$ et plus petite que le $\frac{1}{3}$. L'éclipse fut plus grande que ne l'indiquoit le calcul d'un peu moins d'un doigt.

Le temps du commencement retarda sur le calcul, d'environ une demi-heure.

Voilà donc trois éclipses consécutives dont le commencement retarde sur le calcul d'environ une demi-heure égale.

Quant à la grandeur de l'éclipse, nous l'avons trouvée par l'observation, plus petite une fois que le calcul d'environ un doigt, et une autre fois plus grande de la même quantité. La latitude, dans les deux cas, étoit méridionale. Lorsque l'éclipse fut plus grande que le calcul, la lune alloit vers son nœud ascendant; et lorsque l'éclipse fut plus petite que le calcul, la lune avoit déjà passé son nœud descendant (1). Ceci indique

____

(1) Les nœuds s'appellent en Arabe جوزهر *juzahar*, nom formé du mot Persan كوزهر qui signifie *lieu venimeux.* | La ligne des nœuds a été comparée à un dragon ou serpent dont les deux extrémités sont également redoutables.

فيها مقدار الكسوف الذي رُئي عن مقدار بالحساب كان
القمر قد جاز الذنب فهو يزداد منه بعدا وهـذا علي انه
ينبغي ان ينقص من موضع الجوزهر درجة وعلي ان موضعه
بالحقيقة اقل من موضعه بالحساب بهذا المقدار وعلي ان
موضع القمر ايضا بالحقيقة اقل من موضعه بالحساب بنحو
ربع درجة او اقل قليلا الي ان يتبين الامر في جملة عـرض
القمر وفي قطر الظل وكيف ينبغي ان يعمل فيها ، كسوف
شمسي ذكره اللهـاني قال تنكسـف الشمس يوم الاحد وهو
كح من جمادي الاولي سنة ٣٦٢ للهجرة وهو كط من ارديهشت
ماه سنة ٣٣٥ ليزدجرد يبتدي الكسوف بعـد ما يمضي من
النهار بالساعات الزمانية ست ساعات ونصف عشر ساعة
ويكون وسط زمان الكسوف علي سبع ساعات وسدس ويكون تمام
الانجلا علي ثمان ساعات وسدس وعشر ساعة فيكون جميع
زمان الكسوف ساعتين وسدسا ونصف عشر والذي ينكسف من
قطر الشمس تسع اصابع ونصف سدس اصبع يكون ذلك من

M 2

qu'il faut retrancher du lieu des nœuds un degré, que leur lieu vrai est plus petit de cette quantité que le lieu que donne le calcul, et que le lieu de la lune est aussi réellement moindre que le lieu calculé d'environ un quart de degré ou un peu moins, et ce, jusqu'à ce qu'on soit bien assuré de la plus grande latitude de la lune et du diamètre de l'ombre, et de la manière d'employer ces quantités.

(Éclipse de soleil observée à Bagdad le 16 juin 866, ère vulgaire.)

Il y eut, dit le Mahani, éclipse de soleil la première férie, 28 de joumadi premier de l'an 252 de l'hégire, 29 d'ardbéhesht de l'an 235 d'Izdjerd. L'éclipse devoit commencer à 6ʰ 3′, heures inégales, milieu de l'éclipse à 7ʰ 10′, la fin à 8ʰ 16′; durée de l'éclipse, 2ʰ 16′; grandeur sur le diamètre du soleil, 9 1/12 doigts qui répondent à 8 doigts de la surface. Le lieu apparent du soleil et de la lune, au milieu de l'éclipse, dans 23° 29′ des gémeaux; le lieu de la lune, au même instant, dans 28° 47′ des gémeaux.

On trouva que le commencement de l'éclipse retarda de plus d'un tiers d'heure; le milieu, selon notre estime, fut à 7ʰ 26′; la fin à 8ʰ 30′. Toutes ces circonstances retardèrent à-peu-près de la même quantité, et ce retard fut d'un quart à un tiers d'heure. La latitude de la lune étoit méridionale, et la partie éclipsée du diamètre du soleil fut, selon notre estime, plus grande que sept doigts et plus petite que 8.

(Pénombre observée à Bagdad le 26 novembre 866, ère vulgaire.)

Il devoit y avoir, dit le Mahani, éclipse de lune la troisième férie, 15 de doulcaada de l'an 252 de l'hégire, 2 d'aban (1), jour de khour de l'an 235 d'Izdjerd. L'opposition à 9ʰ 31′,

C'est pour cela que les nœuds ascendant et descendant se distinguent en Arabe par les mots *tête* et *queue*. Voy. | *Astronomica quædam ex traditione Shah Cholgii Persæ,* p. 66.

(1) Il s'est ici glissé quelqu'erreur

مساحة دايرة الشمس ثماني اصابع وموضع الشمس والقمر

في وسط زمان الكسوف بالرؤية في الجوزا كج كط وموضع

القمر في ذلك الوقت في الجوزا كج مز وروجد هذا الكسوف

ابتدا بعد ان مضي بعد الزوال اكثر من ثلث ساعة

وتوسط الكسوف فيما خمناه علي سبع ساعات وثلث وعشر

ساعة ثم انجلي علي ثماني ساعات ونصف ساعة فقد تاخرت

الاوقات كلها تاخرا متقاربا ووجدت اوقات هذا الكسوف قد

تاخرت عما خرج به الحساب المثبت في هذه الدفعة كل وقت

ما بين ربع ساعة الي ثلث ساعة ووجد عرض القمر

بالرؤية جنوبيا وكان ما انكسف من قطر الشمس فيما خمناه

اكثر من ز اصابع واقل من ح اصابع ، كسوف قمري ذكر

الماهاني قال يكون للقمر كسوف ليلة الثلاثا لاربع عشرة ليلة

تخلسوا من ذي القعدة سنة سمو للهجرة ثاني ابان وروز خور

سنة هسم ليزدجرد الاستقبال علي ط ساعات زمانية لا دقيقة

الشمس في القوس ح لا الراس في الجوزا يط ن عرض القمر

heures inégales ; le soleil dans 8° 31' du sagittaire ; le nœud ascendant dans 19° 50' des gémeaux ; la latitude de la lune, 5.9' méridionale ; la grandeur de l'éclipse, un doigt et demi du diamètre qui répond à $\frac{1}{2} + \frac{1}{3}$ doigt de la surface ; le commencement de l'éclipse à 8ʰ 55', heures inégales ; la fin à 10ʰ 7' 30" ; durée de l'éclipse, 1ʰ 12', heures inégales.

Nous avons vérifié cette éclipse ; et ce que nous avons remarqué dans la lune, c'est que son éclat diminua et s'obscurcit du côté septentrional : mais la lune fut toujours comme auparavant, sans que l'éclipse parût avoir rien retranché de son disque. Nous vîmes clairement que le milieu de ce phénomène retarda sur le calcul ; ce qui indique qu'il faut diminuer de la circonférence de l'ombre ou augmenter la latitude de la lune, et qu'il y a quelque erreur dans le lieu des nœuds.

Conjonctions rapportées par le Mahani.

(Conjonction de saturne et de vénus observée à Bagdad le 28 août 858, ère vulgaire.)

J'ai vu, dit cet auteur, vénus et saturne le matin de la première férie, 15 de joumadi premier de l'an 244 de l'hégire, jour d'aban (1) (le 10) du mois de mordad de l'an 227 d'Izdjerd, vers le lever de l'aurore. Vénus avoit encore $\frac{2}{5}$ de degré à parcourir pour atteindre saturne, et elle devoit l'atteindre à midi de la seconde férie (2) ; car sa vitesse étoit alors de plus d'un

---

dans la chronologie Persane. Je trouve par les tables que le 15 doulcaada Arabe étoit le douze d'aban pour les Persans. Dans ce cas, il faudroit suppléer seulement le mot عشر *dix* dans le texte Arabe. Mais le nom *khour*, qui vient ensuite, nous indique le onzième jour du mois. Est-ce une nouvelle faute ! et faut-il substituer *mah* qui est le nom

du douzième jour, ou faut-il lire, *le onze d'aban !* C'est ce que je ne puis décider.

(1) بان dans cet endroit du texte, et ailleurs, est pour آبان.

(2) Le midi qui suivit immédiatement l'observation, étoit le commencement de la seconde férie pour les astronomes.

في الجنوب .نط ينكسف من قطر القمر اصبع ونصف يكون

مسافة ذلك نصفا وثلث اصبع ابتدا الكسوف علي ح

ساعات وثلثي وربع ساعة زمانية والانجلا علي عشر ساعات

وثمن ساعة زمانية زمان الكسوف ساعة زمانية وخمس ساعة

امتحنا هذا الكسوف فكان الذي ظهر في القمر من الاثر ان

ضوه من الناحية الشمالية انكسر واظلم وراينا القمر قد

صار الي الطول ما هو من غير ان يتبين ان الكسوف اخذ من

جرم القمر شيا وتبين لنا انه قد تاخر وسط هذا الاثر عما

خرج به الحساب وهذا الاثر يدل علي انه ينبغي ان ينقص من

مقدار داير الظل او يزاد علي عرض القمر ويدل علي ان

في موضع الجوز هر شي   قران لزحل والزهرة ذكن الماهاني

قال رايت الزهرة وزحلا في صبيحة يوم الاحد يد ليلة خلت

من جمادي الاولي سنة ٢٢٢ للهجرة وروز ابان ماي امرداذ سنة

٢٢٧ ليزدجرد عند طلوع الفجر وكان الذي بقي للزهرة الي ان

تلحق بزحل مقدار خمسي جز وكان ينبغي ان تلحق به في

degré par jour. Vénus étoit un peu au nord de saturne; celui-ci étoit éloigné du cœur du lion de ⅓ de degré, et au nord de cette étoile.

(Conjonction de vénus et de mercure observée à Bagdad le 22 septembre 858, ère vulgaire.)

J'ai vu, dit le Mahani, vénus et mercure le matin de la cinquième férie, 10 de joumadi second de l'an 244 de l'hégire, jour d'asfendarmed (le 5) . . . (du mois de shahrir) (1), l'an 227 d'Izdjerd. Vénus étoit éloignée de mercure d'un peu plus d'un degré. Ils sembloient décrire ensemble une ligne parallèle ou presque parallèle au zodiaque. Leur vîtesse, dans l'intervalle de ce jour au jour précédent, fut la même; car la distance qui étoit entre eux la cinquième férie, étoit la même que celle qui étoit entre eux le jour précédent.

(Conjonction de mars et de vénus observée à Bagdad le 13 février 864, ère vulgaire.)

Mars et vénus, dit le Mahani, furent en conjonction, et paroissoient, à la vue, se toucher au commencement de la nuit d'avant la seconde férie, 2 de moharram de l'an 250 de l'hégire, et cette seconde férie étoit le jour d'ishtad (le 26) de deïmah de l'an 232 d'Izdjerd.

Lettre de Thabet (2) ebn Corah à Cassem ebn Obeïdallah.

L'entreprise du calcul vérifié n'est, je vous assure, pas achevée, ni même près de l'être, parce que nous n'avons pas encore

---

(1) J'ai suppléé le nom du mois Persan qui manque dans le manuscrit.

(2) Thabet (ou Thébit) ebn Corah ebn Merwan, natif de Harran *[Carrhes]* et Sabéen de religion, est célèbre par beaucoup d'ouvrages d'astronomie et de médecine, de commentaires et de traductions d'auteurs Grecs, dont on peut voir l'énumération dans le Catalogue des manuscrits Arabes de la Bibliothèque de l'Escurial, *tom. I, p. 386.* Il naquit l'an 221 de l'hégire (835 ère vulgaire), et mourut l'an 288 (900 ère vulgaire). Il étoit astronome du calife Motaded.

نصف

نصف النهار من يوم الاثنين لان مسيرها في ذلك الوقت
كان اكثر من جز في كل يوم وكانت الزهرة شمالية عن
زحل بشي لا قدر له وكان الذي بقي لزحل الي ان يلحق
بقلب الاسد مقدار ثلثي جز وكان زحل شماليا عن قلب
الاسد وقال رايت الزهرة وعطارد في صبيحة يوم الخميس
ط خلون من جمادي الاخرة سنة ٣٢٢ للهجرة وروز اسفندارمذ
ماي سنة ٢٢٧ ليزدجرد وكان الذي بقي للزهرة الي ان تلحق
بعطارد ارج من جز بشي يسير وكانهما جميعا كانا في
خط مواز لغلك البروج او شبيه بالموازي وكان مسيرها فيما
بين هـــذا اليوم واليوم الذي قبله بقـدر واحد وذلك لان
البعـد الذي كان بينهما في يوم الخميس وفي اليوم الذي
قبله بقــدر واحد قران للمريخ والزهرة ذكر اللهاني قال
اقترنت الزهرة والمريخ حتي را متماسين بالعيان في اول
الليلة التي صبيحتها يوم الاثنين وهي الثانية في المحرم سنة
٣٥٠ ويوم الاثنين هو استادروز من ديماه سنة ٣٣٢ رسالة
N

autant d'observations qu'il en faudroit pour cela; nous donnons
en attendant à nos calculs, le degré d'exactitude dont ils sont
susceptibles quant à présent. Les choses qui ont besoin d'une
grande précision comme les éclipses et l'apparition des nouvelles
lunes, je les calcule d'après mes observations précédentes,
analogues à chacune d'elles. Les lieux des planètes dans des
éphémérides comportant quelque négligence, ma coutume est
de les calculer d'après les élémens dont se servoit Aboujafar ebn
Moussa ebn Shaker (1). J'ai consigné ici pour vous ces élémens,
renfermant ainsi dans ce calcul des choses que je corrigerai peu
à peu et avec le temps : c'est pour cela que je n'aurois pas voulu
vous l'envoyer jusqu'à ce qu'il fût bien certain; et si je n'avois
appréhendé de vous donner mauvaise idée de moi, je vous
l'aurois refusé, comme j'ai fait à tous ceux qui me l'ont demandé
avant vous.

Thabet expose ensuite ces élémens qui sont aujourd'hui bien
connus, et que je ne rapporterai pas.

Extrait du livre de Thabet ebn Corah, adressé à Ishac ebn
Honaïn (2).

La différence qui se trouve entre la Table de Ptolémée et
la table vérifiée, est commune à tous les corps célestes. Cette
uniformité n'a rien d'étonnant, et doit même nécessairement avoir
lieu par la raison que ce qui arrive par rapport au soleil entraîne
nécessairement quelque chose de semblable par rapport à tous
les corps célestes. En effet, le lieu de la lune n'est déterminé que
d'après la détermination du lieu du soleil. C'est sur les éclipses

(1) C'est Mohammed, l'aîné des trois
frères *Moussa*, dont il sera souvent parlé
dans la suite. Il avoit été le maître de
Thabet en astronomie. Abulph. *p. 183.*

(2) Ishac ebn Honaïn étoit fils d'Honaïn, médecin chrétien du calife Mo-
tavekel, auteur de la traduction Arabe
de l'Almageste. Il s'appliqua, comme
son père, à traduire des auteurs Grecs.
(Abulfar. *pag. 173.*)

ثابت بن قن الي القاسم بن عبيد الله امر الحساب الممتحن

جعلت فذاك ما تم ولا قارب التمام لانه لم يقع لنا قياسات

بلغت ما نحتاج اليه وانما نحسب ما نحسبه علي امر قريب

من الصواب علي حسب ما قيها فاما ما احتاج الي التدقيق

مثل امر الكسوفات ورؤية القمر فاني اما اقيس الواحد منها

اذا اردت حسابه علي ما رصدته من نظايره فيما تقدم كل

شي بواحد مما يشبهه واما تقويم الكواكب في دفتر السنة

لانه يحتمل بعض التساهل فانما عادتي ان احسبه باصول كان

يعمل عليها ابو جعفر بن موسي بن شاكر وقد اثبتها لك

علي اني استدرك في هذا الحساب اشيا اصححها في الوقت

بعد الوقت ولهذا لم اكن احب ان ابعث به اليك حتي

يصح ولولا اني كرهت ان تظن بي ظنونا اني انا منعتك منه

فاني قد منعت ذلك كل من طلبه غيرك ثم ذكر تلك الاصول

وهي مشهورة في زماننا معروفة فلهذا لم اذكرها   فصل

من كتاب ثابت بن قره الي اسحاق بن حنين   واما السبب

de lune qu'est fondée principalement la théorie de la lune, cette planète étant alors opposée au soleil. Les autres lieux de la lune ont également pour base les lieux du soleil. Il en est de même des étoiles fixes et des planètes que l'on détermine par le soleil et la lune. Ainsi il est vrai de dire que ce qui arrive par rapport au soleil, arrive aussi par rapport aux étoiles fixes, leur connoissance dépendant de celle du soleil.

La cause de cette erreur est obscure. Quelques auteurs cités par Théon et autres, et qualifiés par Théon d'auteurs d'astrologie judiciaire (1), ont pensé que le zodiaque avoit un mouvement par lequel il s'avançoit de 8°, et ensuite rétrogradoit de la même quantité, et que ce mouvement étoit d'un degré en quatre-vingts ans (2). Ils ont fait sur cela un calcul d'où l'on conclut quelquefois quatre degrés plus ou moins; et il faudroit, si la chose est comme ils la supposent, que les étoiles fixes parussent tantôt immobiles et tantôt rétrogrades.

Nous ne sommes pas en état maintenant de décider une pareille question : elle le seroit parfaitement (3) si nous avions une observation de soleil faite dans l'intervalle de Ptolémée à nous et assez éloignée de notre temps : si vous en trouvez une dans les auteurs Grecs qui soit indubitablement postérieure à Ptolémée, je vous prie de me la faire connoître, afin que je puisse porter sur cela un jugement certain. J'ajouterai que si ce

---

(1) Le passage de Théon porte effectivement ἐ μαλαὶ ῆῖ ἀπηλιμιαῶυ. Manuscrit de la Bibliothèque nationale, n.° 2400.

(2) Ce passage de Théon n'étoit pas connu des auteurs modernes qui ont traité de cette hypothèse, dont l'invention a été jusqu'ici attribuée à Thabet.

Le passage de Théon se trouve dans son ouvrage sur les tables astronomiques intitulé Θίαιϛ ᾿Αλιξανδρίαϛ ἴϛ ῆϛ ϖϲχίμϛ καίίραϛ ῆϛ ἐϛηιμίαϛ παϲᾳδιϛ, ouvrage dont on n'a encore publié que quelques fragmens.

(3) Voyez sur le sens de ce passage, page 118, note (1).

الذي بين زيج بطلميوس وبين المتحن وان ذلك شي عام في
جميع الكواكب فليس عمومه بمنكر ولا مدفوع وذلك انه اذا
وقع في امر الشمس شي وجب ان يقع في ساير الكواكب
مثله وذلك ان موضع القمر وحسابه انما عرف اولا وبني
علي قياسات موضع الشمس لان الكسوفات القمرية هي
التي عرف كثير من امر بها لانه عمل علي انه مقابل للشمس
وكذلك اكثر قياساته انما يجعل الاصل فيها مواضع الشمس
فما وقع فيها وقع في القمر مثله وكذلك ايضا الكواكب الثابتة
والجارية انما تقاس بالشمس والقمر بعضها ببعض فحق الامر
كله ان يرجع الي ان ما وقع في امر الشمس يقع في امر
الثابتة مثله لان العلم بها مضمن بالعلم به والسبب في هذا
الغلط فمشكل وقد ظن قوم ذكرهم ثاون وغين ونسبهم الي
انهم من اصحاب الاحكام ان لفلك البروج حركة يتقدم بها
ثماني درج ثم يتاخر مثلها وان هذا الحركة يكون مبلغها
في كل ثمانين سنة درجة واحدة ووضعوا لذلك حسابا يلزم

point eût été décidé, j'en aurois traité ici ; mais il est encore obscur, et ressemble beaucoup à une simple conjecture ; or ce livre ne peut admettre, et je ne veux moi-même adopter rien qui ne soit assuré et hors de doute. Ce que j'ai dit au sujet des quantités que j'ajoute au calcul de Ptolémée, je ne l'ai communiqué à qui que ce soit, quoique plusieurs personnes me l'aient demandé, parce que ces quantités ne sont pas appuyées sur des bases solides, mais ont pour objet de représenter l'état actuel des choses jusqu'à ce qu'un nouveau lui succède. J'ai marqué cela sur quelques feuilles que j'ai jointes à ce livre, et je desire que vous m'en accusiez la réception (1).

Passage d'Aboulabbas Alfadl ebn Hatem Alnaïrizi (2), tiré de sa Table, chapitre des conjonctions et des oppositions.

(1) Les deux passages de Thabet qu'on vient de lire sont difficiles à déchiffrer dans le manuscrit : presque toutes les lettres manquent de points diacritiques. Obligé de deviner presque toujours, j'ai pu quelquefois me tromper d'autant plus facilement, qu'il y a dans ces deux passages des expressions peu communes ; celle qui se trouve au commencement du premier passage جَيْبُكَ نَذَاكَ est expliquée dans le dictionnaire de Golius au mot لسا. Les mots يَبْنَغ لَنا مَلي نَنَر وَنَبَين vers la fin du second passage, sont difficiles : J'ai essayé de les traduire sans faire de changement au texte. La racine نبا qui se trouve dans l'appendix de Golius, marque répugnance, impuissance de faire une chose. نَبا est rendu par recté composuit, concinnavit rem. M. de Sacy qui suit exactement l'impression de cet ouvrage, et à qui je suis redevable de plusieurs bonnes corrections, croit qu'il faut lire يَبْنَغ لَنا مَلي يَنْثَر وَنَبَين le sens seroit alors : nous pourrons décider cette question avec assurance et certitude, si nous trouvons une observation, &c. جَرْمَ لا haud dubiè, profecto. جَرْم est pris ici adverbialement pour marquer une chose incluse, roulée dans une autre. كن ne se joint pas ordinairement à un verbe, peut-être faut-il corriger بِاحِب. J'ai corrigé أمِن dans la même ligne, au lieu de أمِر que porte le manuscrit.

(2) « Fadl ebn Hatem, natif de la » ville de Naïriz en Perse, fut grand » géomètre et grand astronome. Il com- » posa plusieurs ouvrages célèbres : un » Commentaire sur l'Almageste ; un » autre sur Euclide ; une grande Table » selon la méthode du Sendhend ; une

منذ اربع درجات احيانا واكثر واقـل وقد كان يحسب لو

ان الامر علي ما ذكروا ان يكون الكـواكب الثابتة تـري

احيانا واقفة او راجعة والحكم علي مثل هذه الاشيا يقع لنا علي

نقد وتقين ان وجدنا بيننا وبين بطلميوس رصدا للشمس قبل

زماننا بمدة صالحة فان كنت قد وجدت لا جرم ممن بيننا

وبين بطلميوس رصدا في بعض الـكتب اليونانية امـرت

باعلاميه لاقطع الحكم به وباقي ما عندي في ذلك ان الامـر

لوكان تاما لكتبت به اليك ولكنه امـر مشكـل بعد وامـا

بعضه شبه الظنون وليس يحتمـل ذلك الكتاب ولا انا نقضي

علي شي حتي يصح صحة لا شك فيها واما ما قلته في الزيادات

التي ازيدهـا علي حساب بطلميوس فما دفعتها الي احد وان

قد طلبها مني خلق كثير وخاصة لانها لم تستقـر علي شي

ولكني علي حال اثبت ما حصل عليه الامر الي وقتنا هذا الي

ان يمن الله عز وجل بما يشا ووجهت به في ورقات جعلتها

درج كتابي هذا وبينت الحال فيه كـحسب ان تامر باعـلامي

J'ai trouvé, dit-il, dans tous les élémens d'après lesquels on calcule les conjonctions et les oppositions dans lesquelles il y a éclipse, une erreur d'environ une demi-heure, soit que ce soit le calcul qui avance ou bien l'observation; mais le plus souvent le calcul avance sur l'observation, de cette quantité.

Il dit encore dans sa table, en parlant de l'obliquité de l'écliptique : Cette obliquité est celle qui subsiste encore de notre temps; elle fut observée avec beaucoup d'exactitude par les auteurs de la table vérifiée; et quoiqu'ils n'aient pas également réussi dans toutes leurs observations, attendu les connoissances qui leur manquoient, celle-ci a été cependant très-bien faite à cause de la bonté et de la grandeur de l'instrument, et du peu de difficulté de l'opération avec les secours qu'ils avoient. Cette obliquité est de 23° 35' (1).

Observations et calculs d'Aboulhassan Ali ebn Amajour al Turki (2).

» autre plus petite; un ouvrage sur la » Kebla (*Voyez* sur ce mot la Biblio- » thèque orientale de d'Herbelot, *page* » *952,*); un Commentaire sur le *Qua-* » *dripartit* de Ptolémée; un Livre sur » les événemens pernicieux, dédié au » calife Motaded; un Traité sur un ins- » trument propre à faire connoître l'é- » loignement des objets; *Bibliotheca* » *Arabico-Hispana, tom. I, pag. 421.* » On voit par l'ouvrage dédié au calife » Motaded, que cet auteur vivoit sur » la fin du III.ᵉ siècle de l'hégire, ou » du IX.ᵉ de l'ère vulgaire. » *Voyez* ci-devant, *pag. 44, note* (1).

(1) *Voy.* les Élémens d'astronomie d'Alfergan, *chap.* V, et les notes de Golius, *pag.* 67.

(2) Ce nom est celui de deux astronomes père et fils, qui descendoient d'un Turc nommé *Amajour,* ce qui fait qu'ils sont souvent appelés *les fils d'Amajour* [benou Amajour]. Un auteur cité plus bas par ebn Iounis *(pag. 126)* nous apprend que l'un d'eux observa pendant trente ans. Une observation de Vénus, de l'an 272 de l'hégire, et une de l'éclipse de lune de l'an 321 qu'on trouvera ci-après, embrassent un espace de 49 ans. Ils observèrent ensemble et composèrent une table intitulée *Albédia* البديع اوصوله

وصوله اليك كلام لابي العباس الفضل بن حاتم البريري

في زيجـه في الاجتماعات والمقابـلات قال وجدت في جميع

الاصول التي تحسب بها الاجتماعات والمقابلات الكسـوفية

شيا يلزمها من خطا اما ان يتقدم المحسوب علي المحسوس واما

ان يتقدم المحسوس علي المحسوب شبيها بنصف ساعته علي

اني وجدت المحسوب علي اكثر الامر يتقدم علي المحسوس

بهذا المقدار وذكر في زيجه حين تكلم في الميل وهذا نص

قوله قال وهذا الميل هو الذي ادرك حتي زماننا واستقصي

رصدك وان كانوا لم يحيطوا بساير الارصاد لتقصيرهم في العلم

بذلك فاما هذا الرصد فقـد استقصوه بسبب جـودة الالة

وعظمها وبسبب سهولة الامر مع الامكان في الاعوان والجـدة

وجملة هذا الميل كج له ارصاد وحسبانات حسبها ابو الحسن

علي بن اماجور التركي واستحنها قال رصدت بالواقع المشتري

وهو راجع في شهـر صفر وربيع الاول في سنة شو للهجـرة

فكنت اجد علي الدوام تنقص عن مـوضعـه في التقويم

ه

(Observations de jupiter et de mars depuis le 13 juillet jusqu'au 10 septembre 918, ère vulgaire.)

J'ai observé, dit-il, pendant les mois de safar et rabi premier de l'an 306 de l'hégire, jupiter alors rétrograde avec l'étoile wéga, et je le trouvois sans cesse moins avancé que le lieu marqué dans les Éphémérides, d'un degré, quelquefois de 50', quelquefois d'un degré et quelques minutes, différence commune un degré, plus ou moins un dixième de degré. Je l'observois avec beaucoup de soin. J'ai trouvé aussi sa latitude, alors méridionale, plus grande que celle marquée dans les Éphémérides, d'un demi-degré environ.

J'ai observé aussi plusieurs fois, dans le même temps, mars avec sirius, après avoir bien déterminé la position de cette étoile. Le lieu observé étoit aussi plus petit que le lieu des Éphémérides, d'un degré un quart ou un degré un tiers environ. Sa vitesse journalière étoit aussi différente et plus petite dans les Éphémérides, que sa vitesse observée. Mars étoit alors direct, et son argument depuis 130° jusqu'à 135°.

(Observations de lune, depuis le 13 juin jusqu'au 12 août 918, ère vulgaire.)

J'ai observé aussi, dit-il, la lune plusieurs fois, depuis le

[la nouvelle, la merveilleuse] Un affranchi du fils, nommé *Mossih*, observoit avec eux, et fut lui-même auteur d'une table particulière. *Voyez ci-après, c. v.* On trouve dans le catalogue des Mss. Arabes de la Bibliothèque de l'Escurial, t. I, p. 403, une courte notice sur un Abdallah ben Amajour Aboulcassem, né à Herat dans le Khorasan. (*Voy.* d'Herbelot, p. 448.) La notice ne dit pas dans quel temps il vivoit; mais il étoit, selon toute apparence, de cette famille, et non de la *race royale des Pharaons* [*ex regiâ Pharaonum stirpe*], comme cette notice l'annonce. Le passage Arabe qu'on a ainsi traduit, a besoin d'une légère correction, et doit signifier que cet auteur étoit originaire de Fergana, province du Turkestan, من اولاد الفرغانة au lieu de من اولاد الفراعنة. Les expressions اولاد مصر اولاد الشام sont fréquentes, et signifient les Égyptiens, les Syriens.

درجة واحدة ومن ثن ثن دقيقة ومن آ دقايق ونحو الدرجة يزيد

وينقص عنها بمقدار عشر درجة وكان رصدي إياه علي

التقصي ووجدت عرضه ايضا في الجنوب يزيد علي عرضه

في التقويم نصف درجة ونحوها ورصدت ايضا المريخ لهذا

التاريخ الذي ذكرته للمشتري مرات كثيرة بالشعرا اليمانية بعد

تصحيح ذلك فكان ينقص موضعه بالرصد ايضا عن موضعه

بالتقويم درجة وربعا ودرجة وثلثا ونحو ذلك واما مسيره في

كل يوم فكان خلاف مسير في التقويم كان يسير في التقويم اقل

من مسير بالرصد هذا والمريخ في هذا الوقت مستقيم السير

وكانت حصته من قبل درجة الي قله درجة قال رصدت القمر ايضا

من اول المحرم الي شهر ربيع الاول مرارا كثيرة في اوقات من

الشهر العربي متغايرة اعني اوله ووسطه واخره وفي وقات

من النهار والليل وهو في مواضع عدة من الفلك اعني قرب

المشروق وعلي بعد برج ونصف من الطالع او نحوه وايضا

قريبا من داين نصف النهار الزبة فيها ما يلزم به من

commencement de moharram jusqu'au mois de rabi premier (1),
à diverses époques du mois lunaire Arabe, au commencement,
au milieu, à la fin, à différentes heures du jour et de la nuit,
dans différens endroits du ciel, près de l'orient, à un signe èt
demi de l'ascendant, près du méridien et en ayant égard à la
parallaxe; et je la trouvois moins avancée par l'observation
que dans les Éphémérides, d'un quart à un tiers de degré.
Quant à la latitude, l'observation, le plus souvent, donnoit
plus que les Éphémérides dressées d'après Ptolémée; mais je
ne puis donner sur la latitude aucun résultat fixe, parce que
les différences s'éloignoient beaucoup les unes des autres, et ne
présentoient rien d'uniforme.

(*Observation de vénus le 24 décembre 918, ère vulgaire.*)

J'ai observé, dit-il, le matin du 18 du mois de rajab, l'an 306
de l'hégire (2), vénus avec le cœur du scorpion, qui étoit alors
dans 24° 31′ du scorpion; et j'ai trouvé vénus dans 29° du
scorpion, tandis que son lieu, selon la table vérifiée de Habash,
étoit, au moment de l'observation, dans 46′ du sagittaire;
l'intervalle entre ce moment et le midi de la sixième férie,
5ʰ 50′, heures égales. Il y avoit quinze jours qu'elle étoit
directe.

(*Observation de mercure faite dans le même temps.*)

J'ai observé aussi, dit-il, mercure, dans le même temps,
avec le cœur du scorpion, et je l'ai trouvé dans 14° 20′ du
sagittaire; la hauteur du cœur du scorpion, au moment de
l'observation, 24° orient.; le lieu, selon la table vérifiée, au

---

(1) Pendant les mois de moharram
et de safar de la même année.

(2) Le texte porte, l'an 356 de
l'hégire; mais il paroît que c'est une
faute de copiste (Voyez *pag. 110*,
note 1), et qu'il faut lire, l'an 306,
comme dans l'observation de Jupiter,
rapportée ci-devant, *page 106*.

اختلاف المنظر فاجبن بالرصد ينقص عما في التقويم ربع

درجة الي ثلث فقط واما عرضه فيزيد الرصد علي ما في

التقويم علي مذهب بطلميوس في اكثر الارصاد ولم يستقر

العرض علي شي اذكر لان الاختلاف الموجود فيه متباين جدا

علي غير نظام قال ورصدت الزهرة في السحر لثماني عشرة

ليلة خلت من رجب سنة شنو للهجرة بقلب العقرب علي

انه في العقرب كد لا فوجدتها في العقرب كط وموضع

الزهرة بممتحن حبش العربي وقت الرصد في القوس نحو

الذي بين وقت الرصد ونصف نهار يوم الجمعة ن ساعات

مستوية ودقايق بعد استقامتها بخمسة عشر يوما قال

ورصدت عطارد ايضا بقلب العقرب في هذا الوقت

فوجدته في القوس يد لك وكان ارتفاع قلب العقرب وقت

الرصد مشرقا كد وموضعه بالممتحن وقت الرصد في القوس

يو كط يوم استقام قال ورصدت ايضا المريخ ليلة السبت

لاربع بقين من رجب سنة شنو للهجرة بالشامية علي الها

moment de l'observation, 16° 29' du sagittaire. Il étoit, ce jour-là, direct.

(Observation de mars du 1.er janvier 919, ère vulgaire.)

J'ai aussi observé, dit-il, la septième férie, 26 de rajab, l'an 306 de l'hégire (1), mars avec procyon, qui étoit dans 11° 1' du cancer. J'ai trouvé mars dans 5° 12' des gémeaux ; la hauteur de procyon, au moment de l'observation, 28° orient. ; le temps écoulé depuis le commencement de la nuit, 2^h inégales. Mars, selon la table vérifiée de Habash, étoit alors dans 6° 9' des gémeaux, rétrograde ; la différence en moins de l'observation avec la table, 57', près d'un degré. Cette observation s'accorde avec celles de la même année, que j'ai rapportées précédemment ; car nous trouvions mars moins avancé d'un degré (2).

Ebn Aladami (3) dit dans sa table : Ali ebn Amajour, auquel on peut ajouter foi (4), m'a assuré qu'il n'avoit pas cessé d'observer, à différentes reprises, pendant l'espace de trente ans, et qu'il avoit toujours trouvé dans les lieux des planètes et des étoiles fixes, des différences en longitude, en latitude,

(1) Il y avoit d'abord dans le texte, l'an 356 de l'hégire, comme à l'observation de vénus, ci-devant, p. *108,* mais on a ensuite corrigé 306 ; c'est la véritable date. Ce que dit Aboûlhassan Ali ebn Amajour, à la fin de cette observation, prouve que toutes celles rapportées ici sont de la même année.

(2) La différence étoit 1° 15 à 20'. *Voyez* ci-devant, p. *106.*

(3) Mohammed ebn Alhossaïn ebn Hamid, connu sous le nom d'Ebn Aladami, mourut avant d'avoir pu achever sa grande table, qui fut publiée après sa mort, par un de ses disciples, l'an 308 de l'hégire [920-921 ère vulgaire]. *Voyez* le Catalogue des Mss. Arabes de la Bibliothèque de l'Escurial, *tom. I, p. 430.*

(4) Le texte porte : « L'un d'eux, » dont le rapport est sincère, Ali ebn » Amajour... » Ebn Aladami parloit apparemment, dans cet endroit, des astronomes qui ont observé après les auteurs des tables vérifiées, et reconnu les erreurs de ces tables.

في السرطان يآ فوجدته في الجوزا يب وكان ارتفاع الشامية

وقت الرصد مشرقا كج والذي مضي من الليل ازمانية ب

والمريخ بزيج جيش العربي الممتحن راجع في الجوزا وط في

هذا الوقت فكان بينهما نقصان الرصد عن التقويم شبيها

بدرجة لانه نز دقيقة وهذا الرصد قد وافق الارصاد

القديمة التي ذكرتها قبل هذا الوقت من هذ السنة لانا

كنا نجد المريخ ينقص عن مواضعه درجتة والله المحموه ما

ذكر ابن الادمي في زيجه عن علي بن اماجور قال اخبرني من

جماعتهم الصادق في قوله علي بن اماجور انه ما زال يراعي

الرصد وقتا بعد وقت في مدة ثلاثين سنة فيجد في مواضع

الكواكب السبعة والثابتة خلافا في الطول والعرض

والجهة لما اوجبه الحساب من المذهب الممتحن وانه وجد

وقتا بعد وقت في القمر يو دقيقة فقط ناقصة عن طوله الذي

اوجبه الحساب لا يعلم لها سببا ووجد في عروض الكواكب

السبعة وجهاتها من الشمال والجنوب خلافا لما يوجبه الحساب

et dans la situation par rapport à l'écliptique, avec le calcul fait d'après la table vérifiée; qu'il avoit trouvé, en différens temps, pour la lune, 16' de moins seulement en longitude (1) que par le calcul, et qu'il n'en savoit pas la raison (2).

Ebn Aladami rapporte encore que lui et son père (3) ont trouvé, en observant les planètes supérieures, saturne, jupiter et mars, une différence en moins avec les tables, qui alloit quelquefois à un degré; et dans les planètes inférieures, vénus et mercure, une différence en plus sur le calcul vérifié, d'un degré entier.

(Éclipse de lune observée à Bagdad le 1.er juin 923, ère vulgaire.)

Éclipse de lune calculée par Ali ebn Amajour Alturki, d'après la table de Habash, et observée par lui, son fils Aboulhassan, et Moflih, affranchi d'Aboulhassan. Elle arriva dans le mois de safar de l'an 311 de l'hégire.

Je l'ai observée, dit-il, avec Aboulhassan et Moflih. Les temps se trouvèrent différens de ceux que donnoit le calcul de Habash. La lune se leva au coucher du soleil déjà éclipsée de trois doigts du diamètre, ou plus; l'éclipse fut de plus de neuf doigts du diamètre; le milieu à environ 1^h 40', heures égales de la nuit; la fin à 3^h, heures égales; hauteur de l'étoile près de la queue du cygne (4), 29° 30' orient.

---

(1) Ali ebn Amajour dit 15 à 20'. *(Voy.* ci-devant, *p. 108.)*

(2) Il y a ici, dans le texte, trois lignes qui ne sont qu'une répétition de ce qui précède.

(3) Ceci doit se rapporter aux Amajours.

(4) C'est l'étoile alpha du cygne,

appelée en arabe الردف *alridf, uropygium* (prononcez *arridf* ou plutôt *aridef*). Ce nom, fort bien écrit *aridef* dans l'ancienne traduction Latine de l'Almageste, faite sur l'arabe, a été ensuite corrompu en *arided, arrioph.* Voyez *Jo. Bayeri Uranometria,* tab. 9, les noms Arabes de plusieurs étoiles, fort usités en Europe

في

في المقدار والجهة ومثل ما وصفه في دقايق القمر الناقصة
عن تقويمه بالحساب قال ابن الادبي وذكر انه وابوه جميعا
وجدا في رصد الكواكب العلوية اعني زحـلا والمشتري
والمريخ نقصانا عن تقويمها في بعض الاوقات درجة تامة وفي
الكوكبين السفليين اعني الزهرة وعطارد زيادة علي تقويمها
بالحساب الممتحن درجة تامة، كسوف قمري حسبه علي بن
اماجور التركي من زيج حبش العربي ورصده هو وابنه ابو
الحسن وغلامه مفلح كان للقمر كسوف في صفر سنة شيا
من سني الهجرة قال رصدت هذا الكسوف انا وابو الحسن
ومفلح فكان يخالف الاوقات لما اخرجه حساب زيج حبش
طلع مع المغيب منكسفا وفيه من اصابع القطر مقدار
الربع او اكثر وانكسف منه اكثر من تسع اصابع قطرية
وكان وسطه بالتقريب علي ساعة وثلثي ساعة مستوية من
الليل وانجلاوه علي ثلاث ساعات معتدلات وكان ارتفاع الردف
مشرقا كط ل قال ابو الحسن علي بن اماجور بعد ذكره الرصد

Les temps de cette éclipse, continue Aboulhassan Ali ebn Amajour, après avoir rapporté l'observation, étoient tous peu d'accord avec le calcul. La quantité de doigts par le calcul de Habash fut de 8 doigts 7'. L'éclipse parut plus grande d'environ un doigt.

(Éclipse de soleil observée à Bagdad le 11 novembre 923, ère vulgaire.)

Éclipse de soleil calculée par Aboulhassan Ali ebn Amajour, d'après la table de Habash, et par lui observée. Elle arriva dans la nouvelle lune de shaâban de l'an 311 de l'hégire. Nous nous réunîmes plusieurs pour l'observer, et nous distinguâmes clairement ses circonstances. Hauteur du soleil au milieu de l'éclipse déterminée d'après l'estime de tous les observateurs, 8° orient; la fin à 2ʰ 12', heures inégales; la hauteur alors de 20°. Nous observâmes cette éclipse par les ouvertures qui étoient en plusieurs endroits de l'appartement (1). Aboulhassan avoit estimé de son

pendant plus de deux siècles, quoique toujours de plus en plus défigurés, ont beaucoup exercé la sagacité de Joseph Scaliger, qui en a rectifié quelques-uns, mais qui a échoué dans le plus grand nombre. On ne peut s'empêcher d'excuser sur cela les méprises de ce grand homme, quand on pense que jamais il ne put, comme il le dit lui-même, obtenir le bonheur de voir aucun ouvrage Arabe sur cette matière. « Nam in quibus ridicula detorsio superat captum nostrum, ea extricanda illis relinquimus quibus meliore fato quam nostro, Almagesti Arabici aut Albateni copia fieri poterit. Nos enim hactenus frustrà hanc opem imploramus, qui familiarem nobis in aliis omnibus infelicitatem et in hoc quoque conatu experti sumus. » *Jos. Scal. notâ in Manilium*, p. 473. Pourquoi cet auteur ne s'est-il pas abstenu plus souvent, comme il l'annonce dans ce passage, de chercher un sens à ces mots corrompus et devenus méconnoissables! Voici l'explication qu'il donne du mot *arided* pour *aridef* [*uropygium*]. « Sed cauda gallinæ quæ est omnium lucidissima, vocatur privato nomine *arided*, et interpretantur *quasi redolens lilium*, quod verum est. .. » *Idem, ibidem*, p. 476.

(1) طارِمَه *iharéma* « Domus lignea elatior aut testudineâ formâ. *Golius*. » Peut-être ce mot désigne-t-il ici une

ازمان هذا الكسوف مضطربة لجميع الحساب واما الاصابع

فان الذي خرج من الاصابع القطرية بحساب حبش ح ز

وكان الذي ظهر للحس اكثر من ذلك بنحو اصبع

كسوف شمسي حسبه ابو الحسن علي بن اماجور من

زيج حبش العربي ورصد كان هذا الكسوف في اجتماع

شعبان من سنة ٦٠٠ ورصدناه جماعة وبيناه تبينا حسنا

وكان حزر الجميع لوسط الكسوف وارتفاع الشمس مشرقا ح

درج وانجلاوها علي ساعتين وخمس زمانية والارتفاع ك درجة

ورصدنا اياه كان خلال الطارمة في مواضع عدة وكان حزر

ابي الحسن لوسط الكسوف في منزله وارتفاع الشمس ح درجة

وكذلك حزرته انا في منزلي قبل بجييه وكان مقدار الكسوف

من قطر الشمس النصف والربع يكون وسط الكسوف الذي

حزرناه وارتفاع الشمس ٥ درج والماضي من الساعات الزمانية

۲ن والذي دار من الفلك يم والذي بين وسط الكسوف

والانجلا علي هذا الرصد من الساعات الزمانية اكب فاما

côté le milieu à 8° de hauteur, comme je l'avois estimé du mien.
La grandeur de l'éclipse fut de la moitié et du quart du diamètre;
le milieu de l'éclipse, estimé par nous lorsque la hauteur du soleil
étoit de 8°, arriva à 50', heures inégales, la révolution de la
sphère étant de 10° 40'. L'intervalle entre le milieu de l'éclipse
et la fin fut de 1ʰ 22', heures inégales; quant aux heures égales,
la révolution de la sphère étant à la fin de 28° 9', donne 1ʰ 53',
heures égales; du milieu à la fin, en heures égales, 1ʰ 10'; le
milieu à 43', heures égales. La différence entre le calcul de
Habash dans ses tables de conjonction, fut, pour le milieu,
31', heures égales; pour la fin, 44' dont le calcul avançoit sur
l'observation.

(Éclipse de lune observée à Bagdad le 11 avril 925, ère vulgaire.)

Éclipse de lune calculée et observée par Aboulhassan Ali ebn
Amajour. Elle arriva la troisième férie, 15 de moharram de l'an
313 de l'hégire. Après avoir dit que l'éclipse fut totale, et avoir
rapporté ses cinq phases (1), il ajoute : J'ai observé cette
éclipse, et j'ai trouvé au commencement la hauteur d'arcturus (2),
de 11° à l'orient; hauteur de l'étoile wéga, à la fin, 24°. Le
commencement, d'après cette observation, arriva à 55', heures

espèce d'observatoire. A Bagdad, où il
est encore usité, on appelle ainsi, communément, une galerie en bois, qui
règne, dans plusieurs maisons de l'O-
rient, sur la cour, au-devant des appar-
temens du premier étage. Le Macrisi,
dans sa description du Caire, fait mention d'une écurie des califes appelée
اصطبل الطارمة et donne ainsi la définition de ce mot : الطارمة بيت مـــن
خشب ومو دخيل [*tharema, maison de*
bois : c'est un mot étranger.]

(1) En arabe *ses cinq temps.* Voyez
ci-devant p. 56, note (1).

(2) Le nom arabe de cette étoile,
aramech ou *alrameh*, n'est pas inconnu
aux astronomes. Voy. Joan. Bay. *Ura-*
nomet. tab. 5. Ce mot *aramech*, sur-
chargé ici dans le manuscrit de Leyde,
peut se lire *aramech* الرامح ou *alwakè*
الرابع sans qu'on puisse aisément reconnoître quelle est la bonne leçon, la
seconde étant le nom de l'étoile wéga
de la lyre. Mais en opérant seulement

المستوية فان الذي دار بين الفلك وقت الانجلاء ﮔﮔ ط يكون
ساعات معتدلة آنج ويكون من الوسط الى الانجلاء من الساعات
المعتدلة آي وكان الوسط علي ساعات معتدلة . بج وكان الذي
بين ما خرج به حساب حبش بجداول الاجتماع المعدل
الزمان اما في الوسط من الساعات المستوية . لآ وفي الانجلا
 بمد تقدم الحساب في الزمان الوقت المرصود ، خسوف
قمري حسبه ابو الحسن علي بــن اماجور ورصد كان هذا
الكسوف ليلة الثلاثا ﭔﻪ من المحرم سنة ﭣﭣﭣ للهجرة ذكر ان القمر
انكسف كله وذكر ازمنته الخمسة ثم قال رصدت هذا الكسوف
وكان ابتداوه وارتفاع الرابع مشرقا يا درجة واخر الانجلاء وارتفاع
النسر الواقع كد درجة ثم قال يكون الابتدا علي هذا الرصد
والذي مضي من الليل من الساعات الازمانية . ﺗﻪ تاخر الرصد
عن حساب المتمحن بزيج حبش بج من ساعة زمانية واخر
الانجلاء بالرصد علي د لو ساعة ازمانية تاخر الرصد عن الحساب
. يز من ساعة ازمانية ، خسوف قمري حسبه علي بن اماجور

inégales, de la nuit ; le retard sur le *calcul éprouvé*, d'après la table de Habash, 23′, heures inégales ; la fin, selon l'observation, 4ʰ 36′, heures inégales ; retard sur le calcul, 17′, heures inégales.

(Éclipse de lune observée à Bagdad le 14 septembre 927, ère vulgaire.)

Éclipse de lune calculée d'après la table de Habash, et observée par Ali ebn Amajour. Elle arriva la sixième férie, l'an 315 de l'hégire. Doigts du diamètre, 2.55′ ; doigts égalés (1), 2. Le commencement à 10ʰ 14′ de la nuit du

---

avec un globe céleste, on voit que l'étoile *alpha* de la lyre n'étoit pas levée pour Bagdad à l'heure indiquée. Il faut donc lire *aramech, arcturus*. Thomas Hyde, à qui nous devons la table des étoiles d'Ulug Beigh, dit que la constellation du bouvier est appelée النقار *alnekkar [fossor, pastinator]*. Un point mal placé a induit cet auteur en erreur, il devoit lire البقار *albakkar, bubulcus*. Le nom grec de cette constellation, *bootès*, pouvant signifier, selon la manière de placer l'accent, *clamator* ou *bubulcus*, les Arabes l'ont pris dans les deux sens, et l'ont traduit par les deux mots العوا *alâwa [vociferator]* et البقار *albaccar [bubulcus]*. Une erreur plus importante, et qui a entraîné beaucoup de savans, est ce qu'avance Joseph Scaliger en parlant de cette même constellation ; ce grand homme trompé par de mauvais planisphères prétendus Arabes, a cru que les astronomes de cette nation avoient banni des constellations toutes les figures humaines pour y substituer des figures de mulet, de chameau, &c.

« Hæ appellationes sunt à diversis sche-
» diographiis et picturis fanaticorum
» Arabum qui cætera animalia, præter
» solum hominem, pingunt. Sicubi in
» imaginibus cœli humana figura occur-
» rit, aliud ridiculum substituunt, vel
» mulum clitellatum, vel camelum, &c. »
Jos. Scal. *notæ in Manilium*. Pour se convaincre de l'erreur de Joseph Scaliger, il suffit de jeter les yeux sur un Ms. Arabe qui renferme les figures des constellations, on verra qu'elles y sont représentées comme dans le planisphère de Ptolémée.

Induit en erreur par la copie envoyée autrefois de Leyde, et sur laquelle j'ai d'abord traduit ce morceau, j'avois donné au C.ᵉⁿ Bouvard, pour la fin de cette éclipse, 4ʰ 56′ au lieu de 4ʰ 36′, qui est la leçon du manuscrit original. *Voy.* Hist. de la classe des sciences mathématiques et physiques, *t. II, p. 7.*

(1) On appelle ainsi en Arabe, les doigts ou douzièmes parties de la surface du disque. *Voy.* ci-devant, *p. 86, note (2).*

من زيج حبش العربي ورصدك كان هــذا الكسوف ليلة
الجمعة سنة ٢٠٥ للهجرة الاصابع القطرية ب نه الاصابع
المعدلة بـ الابتدا من ليلة الجمعة علي عشر ساعات واربع
عشر دقيقة التوسط علي يا كا الانجلا من لهار يوم الجمعة
طـ ازمانية كلها قال رصد هذا الكسوف ابني ابو الحسان
وكان ارتفاع الشعرا اليمانية من قبل المشرق لابتدايه لآ درجة
وكان الذي دار من الفلك منذ غابت الشمس الي اول الكسوف
بالثلث قمح يزيد ثلث خفيف يكون الساعات المعتدلة ط نب
يكون ازمانية يي وحزر اصابع الكسوف اكثر من الربع
واقل من الثلث كانه ثلث اصابع ونصف زاد الحساب علي
الرصد يد دقيقة من ساعة ازمانية وزاد المنكسف من القطر
بالرصد علي الحساب لآ دقيقة من اصبع هذا الكسوف زاد
فيه الحساب علي الرصد في الزمان ، كسوف شمسي حسبه
علي بن اماجور ورصدك الابتدا من ليله الاثنين علي يي يز نج
ثانية زمانية تكون ساعات ستوية يا يو و ثانية الوسط من لهار يوم

vendredi, le milieu à 11ʰ 21′, la fin à 9′ du jour du vendredi, le tout en heures inégales.

Cette éclipse, dit-il, fut observée par mon fils Aboulhassan. Hauteur de Sirius au commencement, 31° à l'orient; révolution de la sphère depuis le coucher du soleil jusqu'au commencement de l'éclipse, déterminée avec l'astrolabe (1), 148° environ, qui font 9ʰ 52′, heures égales, 10ʰ, heures inégales; grandeur de l'éclipse, plus du quart et moins du tiers, environ trois doigts et demi; le calcul en excès sur l'observation, de 14′, heures inégales. L'éclipse observée fut plus grande que par le calcul, de 35′ de doigt du diamètre. Cette éclipse avança sur le calcul.

(Éclipse de soleil observée à Bagdad le 18 août 928, ère vulgaire.)

Éclipse de soleil calculée, et observée par Ali ebn Amajour. Le commencement à 10ʰ 17′ 53″, heures inégales de la nuit de la seconde férie, 11ʰ 16′ 6″, heures égales; le milieu à 11′ 51″ 36‴, heures inégales du jour de la seconde férie, qui font 10′ 55″ 6‴, heures égales; la fin à 53′ 16″ 36‴, heures inégales, qui font 52′ 24″ 54‴, heures égales.

J'ai observé, dit-il, cette éclipse, moi, mon fils Aboulhassan et Moflih. Le soleil se leva éclipsé d'un peu moins du quart

---

(1) Le mot ثلث qu'on lit dans cet endroit du texte *(p. 119)*, désigne une espèce particulière d'astrolabe, dans laquelle les almicantaras sont marqués de trois en trois degrés. Les mots بزيد ثلث غنف indiquent le tiers d'un de ces intervalles qui se trouvoit de plus dans l'opération. Les autres espèces d'astrolabes qu'il est nécessaire de connoître pour entendre les astronomes Arabes, s'appellent مام lorsque les almicantaras sont marqués de degré en degré, نصف lorsqu'ils sont marqués de 2° en 2°, et مدس lorsqu'ils sont marqués de 6° en 6°. Je tire ces renseignemens d'un Traité de l'astrolabe composé en Arabe par Aboulhassan Koushyar, dont le manuscrit, actuellement à la Bibliothèque nationale, a appartenu autrefois au célèbre Renaudot.

الاثنين

الاثنين . يا نا لو ثالثة زمانية يكون دقايق وثواني وثوالث من ساعة

مستوية يي نه و ثوالث الانجلا من يوم الاثنين علي نج يولو ثالثة

زمانية تكون مستوية . نب كد ند قال رصدت هذا الكسوف

انا وابني ابو الحسن وسفلح فطلعت الشمس منكسفة وفيها

من الكسوف اقل من ربع سطحها ولم يزل الكسوف يزيد زيادة

نتبينها الي ان ينكسف منها الربع ورصدناها بالما رصدا

محكما فانجلت فلم يبق فيها من الكسوف شي وتبينا صحة

دايرة جرم الشمس في الما والارتفاع مشروق اثنتا عشرة درجة

غير ثلث قسم من الحلقة المقسومة اثلاثا فكان ذلك تسع

درجة وكانت اصابع الكسوف مساوية لما اوجبه حساب الممتحن

خسوف قمري حسبه ابو الحسن علي بن اماجور ورصد كان

هذا الكسوف في استقبال ذي الحجة سنة ٣٧٣ للهجرة درجة

الاستقبال في الاسد يج لج الراس للاستقبال في الدلو يـز لن

حصة العرض شمال قعه يو عرض القمر لوسط الكسوف

شمال كا يه ثانية مسير ساعة القمر . لد كب ثانية ساعات النهار

Q

de sa surface, et l'éclipse ne cessa d'augmenter d'une manière sensible jusqu'à ce que le quart du disque fût éclipsé. Nous observâmes le soleil, dans l'eau, d'une manière sûre et distincte. Nous trouvâmes à la fin, lorsqu'aucune partie du soleil n'étoit plus éclipsée, et que son disque paroissoit entier dans l'eau, la hauteur de 12° à l'orient, moins le tiers d'une division de l'instrument divisé par tiers de degré, ce qui fait à retrancher $\frac{1}{9}$ de degré [6′ 40″] (Hauteur 11° 53′ 20″) (1). La grandeur de l'éclipse s'accordoit avec le calcul vérifié.

(Éclipse de lune observée à Bagdad le 27 janvier 929.)

Éclipse de lune calculée et observée par Aboulhassan Ali ebn Amajour. Elle arriva la quatrième férie dans la pleine lune de doulhaja, l'an 316 de l'hégire. L'opposition dans 13° 33′ du lion; le nœud ascendant, au moment de l'opposition, dans 17° 37′ du verseau ; l'argument de la latitude, 175° 16′ septentrional ; la latitude de la lune, au milieu de l'éclipse, 21′ 15″ septentrionale ; mouvement horaire de la lune, 34′ 22″; heures du jour, 10ʰ 27′; heures de la nuit, 13ʰ 33′; temps de l'incidence, 1ʰ 17′; temps de la demeure (dans l'ombre), 32′;

(1) Il paroît que l'armille dont se servoit Ali ebn Amajour dans cette observation, étoit divisée seulement de 20′ en 20′, mais que ces divisions étoient assez grandes pour qu'on pût en déterminer aisément le tiers, à plus forte raison la moitié [10′], et vraisemblablement le quart [5′]. La division n'étoit pas poussée plus loin sur les instrumens dont se servoient ordinairement les anciens astronomes. (Flamsteed, *Prolegomena*, p. 19). On a vu ci-devant *(p. 50)* que l'armille avec laquelle observoit Iahia ebn Abou-

mansor, le plus célèbre des astronomes du temps d'Almamon, n'étoit divisée que de 10′ en 10′. On trouvera ci-après une observation de l'équinoxe d'automne de l'an 237 de l'hégire, faite à Nisabour, capitale du Khorassan, en présence de Thaher, souverain de cette province. On employa, pour cette observation, une grande armille (ce sont les termes de l'auteur) qui marquoit les minutes. Thaher l'avoit fait construire à l'exemple d'Almamon.

Il paroît qu'on ne cherchoit pas encore, à cette époque, à pousser la

يي كز ساعات ودقايق ساعات الليل يج لج دقيقة ساعات السقوط
ايىز دقيقة ساعات المكث الب عرض القمر للابتدا شمـال
كولو ثانية عرض القمر لاخر الانجلا يه ند ساعات السقوط
للابتدا اله ساعات المكث للابتدا . ز سـاعات السقوط للانجلا
ايا سـاعات المكث للانجـلا بـب هـذا بالساعات المستوية
واوقات هذا الكسوف بالساعات الازمانية الابتدا مـن ليلة
الاربعا د نواول المكث وكج الوسط و ل اول الانجـلا ون اخر
الانجلاح يي ازمانية كلها قال رصدت هذا الكسوف عند
ابتدايه فكن ارتفاع الرابع مشرقايج والذي مضي من الليل
من الساعات الزمانية ز مثل الذي اوجبه حساب الممتحن لم
يغادر شيا . خسوف قمري حسبه علي بن اماجـور التركي .
رصك قال كان الاستقبال الكسوفي بالممتحن من زيج حبش
العربي ليلة الثلاثا الثالث عشر من ذي القعدة سنة شكا للهجرة
درجـة الاستقبال في الثوريج مد الاوقات بالساعات المستوية
الابتدا علي يي ج اول المكث يب ح الوسط علي يب نـسـط

latitude de la lune au commencement, 26′ 36″ septentrionale; latitude à la fin, 15′ 54″; temps de l'incidence au commencement, 1ʰ 35′; temps de la demeure au commencement, 7′; temps de l'incidence à la fin de l'éclipse, 1ʰ 11′; temps de la demeure à la fin, 42′; le tout en heures égales. Temps de cette éclipse en heures inégales; le commencement à 4ʰ 56′ de la nuit de la quatrième férie; le commencement de la demeure (de l'éclipse totale), 6ʰ 23′; le milieu, 6ʰ 30′; le commencement de l'émersion, 6ʰ 50′; la fin de l'émersion, 8ʰ 10′, le tout en heures inégales. J'ai observé, dit-il, le commencement de cette éclipse. La hauteur d'arcturus étoit alors 18° à l'orient; le temps écoulé depuis le commencement de la nuit, 5ʰ, heures inégales, comme l'indiquoit le calcul vérifié, sans aucune différence.

(Éclipse de lune observée à Bagdad le 5 novembre 933.)

Éclipse de lune calculée et observée par Ali ebn Amajour Alturki. Il y eut opposition écliptique par le calcul vérifié, et selon la table Arabique de Habash, la troisième férie; 13 de doulcaada de l'an 321 de l'hégire; l'opposition dans 18° 44′

division au-delà des minutes, même sur les instrumens que faisoient faire les souverains. Vers l'an 515 de l'hégire, plus de cent ans après la mort d'ebn Iounis, on construisit, pour l'observatoire du Caire, un grand cercle de 10 coudées [15 pieds environ] de diamètre, un autre de 7 coudées [10 pieds ½ environ], et une sphère armillaire de 5 coudées [7 pieds ½] de diamètre. Si on compare ces instrumens à ceux de Tycho, on verra que cet astronome réunissoit toutes les grandeurs d'instrumens en usage avant lui. Il avoit un quart de cercle de cuivre d'un pied et demi de rayon, divisé de 5′ en 5′ (c'est la grandeur de l'instrument ordinaire des anciens astronomes Grecs et Arabes); un mural de 7 pieds ½ de rayon, sur lequel chaque minute étoit divisée en six parties [10″], dont on pouvoit facilement distinguer la moitié, c'est le grand cercle de 10 coudées [15 pieds de diamètre] de l'observatoire du Caire; enfin diverses espèces d'armilles, ou instrumens composés de plusieurs cercles de 3, 4, 7 et 9 coudées de diamètre.

المكث علي يجب له الانجلاء لهارا يي اوقات هـذا الكسوف
بالساعات الـزمانية الابتدا طا ما اول المكث يي بب الوسط
يا كـز المكث نانط الانجلا لهارا علي آل من نهار يوم الثلاثا
قال رصدت هذا الكسوف حين دخن مكن ارتفاع الـراي
مشرقا يه درجة وكان الذي مضى من الليل من الساعات
الازمانية طا نو وذلك بعد الذي اوجبه حساب الممتحن، قال
ابو الحسن علي بن عبد الرحمـن بن احمد بن يونس بن
عبد الاعلي قد ذكرت كسوفات عدة حسبها العلما ورصدوها
فخبروا عنها بمخالفة العيان للحساب بالـزيادة والنقصان في
الزمان تارة والموافقة تارة وهذا يدل علي فسـاد الاصول التي
منها تحسب الكسوفات لان الفساد لوكان من الزمان وحك
الزم نظلما واحدا فوقع الـزمان دايما اما زايدا واما ناقـصا
وشهد بمثل ما قلت من فساد الاصول بمخالفة مقادير الاظلام
الحسابية الرصدية واذا كان هذا قول العلما من لدن الرصد
الي عصرنا مع اني قد حذفت كثيرا كراهة الاطالة فكيف ينبغي

du taureau; les temps en heures égales; le commencement à 10ʰ 53′. Le commencement de la demeure 12ʰ 8′; le milieu, 12ʰ 59′; la fin, 13ʰ 35′; la fin de l'éclipse, 1ʰ 18′ du jour. Temps en heures inégales : le commencement, 9ʰ 41′; le commencement de la demeure, 10ʰ 42′; le milieu, 11ʰ 27′; la fin de la demeure, 11ʰ 59′; la fin de l'éclipse, à 1ʰ 30′ du jour de la troisième férie. J'ai observé, dit-il, cette éclipse, lorsque la lune commença à s'obscurcir. La hauteur d'arcturus étoit alors 15° à l'orient; le temps écoulé depuis le commencement de la nuit, 9ʰ 56′, heures inégales, plus grand par conséquent que celui que donnoit le calcul vérifié (1).

Aboulhassan Ali ebn Abdarrahman ebn Ahmed ebn Iounis dit:

Je viens de rapporter plusieurs éclipses calculées et observées par des savans qui ont remarqué tantôt une différence en plus ou en moins entre le calcul et l'observation, et tantôt une assez grande conformité. Cela prouve le défaut des bases d'après lesquelles nous calculons les éclipses; car si l'erreur étoit dans le temps seulement, elle seroit uniforme, et ce temps se trouveroit toujours en plus ou en moins. Ce même défaut est encore attesté par les différences dans la grandeur des éclipses entre le calcul et l'observation. Puisque tel a été le sentiment des savans depuis l'époque de la construction de la table vérifiée jusqu'à notre siècle, sentiment que je me suis

---

(1) Plusieurs circonstances de cette éclipse, et de la précédente, me paroissent fautives. On pourroit dans la première, lire, pour le commencement de l'émersion, en heures inégales, 7ʰ 50′ au lieu de 6ʰ 50′, qui m'a paru préférable. Dans la seconde, j'ai traduit comme s'il y avoit en deux endroits الكبكث la fin de la demeure (dans l'ombre, de l'éclipse totale), tandis qu'il n'y a que الكبكث la demeure. J'ai encore corrigé dans le second passage, 11ʰ 59′ au lieu de 51 59 que porte le manuscrit. La différence ne consiste que dans la ponctuation de la première lettre faisant fonction de chiffre.

لاحد ان يغلي في اطرا ما هذا وصنعه وقول العلما فيه نسل

الله حسن التوفيق ، ذكر شي من ارصاد المتقدمين قـريب

هذه الارصاد التي اذكرها بما رصدت بجتهدا في موافقـة

الحساب ما ذكروا وما وجدت ليكون الحساب اما مثله سوا

واما قريبا منه لما يجوز علي الالة والرصد من الزلل وابتدات

بارصاد الشمس، اول ارصاد الشمس التي تادت الينا هو رصد

ميطن واوقيطيمن الذي كان علي عهد بسـوذيس ريس

مدينة الحكا ذكره بطلميوس في المجسطي كان نزول الشمس

اول السرطان في صدر النهار يوم كا من برمهات سنة شيو

لبختنصر، قياس ابرخس الخريفي الذي ذكر انه كان منه علي

ثقة وعليه عول ذكر ان الشمس نـزلت اول الميزان في سنة

لبب من الدور الثالث من ادوار قيلبس وذلك في سنة قعع

من موت الاسـكندر المقـدوني في اليوم الثالث من الايام

الخمسة النسي في نصف الليلة التي صبيحتها اليوم الرابع ،

قياس بطلميوس للاعتدال الخريفي ذكر ان الشمس نزلت اول

contenté de présenter rapidement et à la hâte, pour éviter l'ennui de la prolixité; convient-il à quelqu'un de s'obstiner à vanter une chose de cette nature, et dont les savans nous parlent de cette manière?

Exposé de quelques observations des anciens, qui s'éloignent peu de celles que j'ai faites, et que je rapporte lorsque je tâche d'accorder leur témoignage avec ce que j'ai trouvé, de manière que le calcul soit, ou précisément le même, ou peu différent, eu égard à l'erreur dont l'instrument et l'observation sont susceptibles.

Je commence par les observations du soleil. La première qui soit parvenue jusqu'à nous est celle de *Meton* et *Euctemon*, qui fut faite sous l'archontat d'Apseudès, dans la ville des sages [Athènes], et qui est rapportée par Ptolémée dans son Almageste (1). Le soleil entra dans le premier degré du cancer le vingt-unième jour de phamenoth au matin, l'an 316 de Nabonassar.

Observation de l'équinoxe d'automne faite par Hipparque, et dans laquelle Ptolémée dit avoir beaucoup de confiance. « Le soleil, dit-il, entra dans la balance, l'an 32 de la troisième période de Calippe, l'an 178 (2) depuis la mort d'Alexandre le Macédonien, le troisième jour des cinq jours intercalaires, au milieu de la nuit d'avant le quatrième jour. »

Observation de l'équinoxe d'automne faite par Ptolémée. « Le soleil, dit-il, entra dans la balance, l'an 3 du règne d'Antonin, 463 depuis la mort d'Alexandre, le neuvième jour du mois copte athyr, une heure environ après le lever du soleil à Alexandrie. »

---

(1) Lib. III, cap. 2.

(2) Cette année est ainsi marquée dans Ptolémée; mais les meilleurs chronologistes croient qu'il faut lire 177. L'erreur existoit déjà dans le texte Grec au commencement du IX.e siècle, époque des versions Arabes de l'Almageste, puisqu'elle se trouve dans tous les auteurs de cette nation. *Voyez* Albaten. cap. 27.

الميزان

الميزان في السنة الثالثة من ملك انطنيس وهو سنة ثمم من
مات الاسكندر في اليوم التاسع من هتور من شهر القبط بعد
طلوع الشمس بالاسكندرية بساعة واحدة بالتقريب ، قياس
يحيا بن ابي منصور في نزول الشمس اول الميزان بعد نصف
النهار من اليوم الخامس والعشرين من مرداذ ماه بعشرين
ثانية من يوم وذلك في سنة قصط ليزدجرد ، ما ذكر ابو
الحسن ثابت بن قره في كتاب سنة الشمس قال كان الاعتدال
الخريفي في سنة ٢١٢ من سني الهجرة وفي سنة قصط ليزدجرد في
مرداذماه يوم خمسة وعشرين علي سبع ساعات من النهار
الاعتدال الربيعي في سنة ٥٩٦ ليزدجرد وفي سنة ٢١٣ من سني
الهجرة في خمس ماه في اليوم يح بعد نصف الليلة التي
صباحها اليوم التاسع عشر تقريبا من ساعتين ثم الاعتدال
الخريفي في سنة ٢١٣ من سني الهجرة وفي سنة مايتين من سني
يزدجرد في مرداذماه علي ساعة من الليلة التي صباحها يوم
ستة وعشرين ثم الاستوا الربيعي في سنة مايتين من سني
R

(Équinoxe d'automne observé à Damas (1) le 19 septembre 830.)

Observation de Iahia ebn Aboumansour. Le soleil entra dans la balance, le 25 de mordadmah de l'an 199 d'Izdjerd, à 20° de jour (8') après-midi.

(Le même équinoxe observé à Bagdad.)

Aboulhassan Thabet ebn Corah dit, dans le livre de l'année solaire : « L'équinoxe d'automne arriva l'an 215 de l'hégire ; 199 d'Izdjerd, le 25 de mordadmah, à sept heures du jour. »

(Équinoxe de printemps observé à Bagdad le 17 mars 831.)

L'équinoxe de printemps de l'an 199 d'Izdjerd, 216 de l'hégire, le 18 de bahmenmah, deux heures environ après le milieu de la nuit d'avant le 19.

(Équinoxe d'automne observé à Bagdad le 19 septembre 831.)

L'équinoxe d'automne de l'an 216 de l'hégire, 200 d'Izdjerd, à une heure de la nuit d'avant le 26 de mordadmah.

(Équinoxe de printemps observé à Bagdad le 17 mars 832.)

Équinoxe de printemps de l'an 200 d'Izdjerd, le 19 de bahmenmah, à deux heures du jour.

(Solstice d'été observé à Bagdad le 17 juin 832.)

Entrée du soleil dans le cancer, selon le même auteur, observée par plusieurs savans l'an 217 de l'hégire, 201 d'Izdjerd, le 22 d'ardbeheshtmah, à minuit de la nuit d'avant le 23.

(Équinoxe d'automne observé à Damas le 18 septembre 832.)

Observation de Send ebn Ali et de Khaled ebn Abdalmelek

(1) L'Histoire de Iahia, et la diffé-rence de son observation avec l'obser-vation suivante du même équinoxe, qui doit avoir été faite à Bagdad, me font croire que cette première observation a été faite à Damas. Le C.er Bouvard l'a ainsi rapportée. *Voy.* Hist. de la classe des sciences mathématiques et physi-ques, *tom. II, pag. 9.*

يزدجرد في اليوم التاسع عشر من بهمن ماه علي ساعتين من
النهار وذكران الشمس نزلت اول السرطان باجماع جماعة
من العلما يوميذ في سنة ۲۱۷ من سني الهجرة وفي سنة ۲۰۱ من
سني يزدجرد في ارد بهشت ماه يوم كب في نصف الليلة التي
صباحها يوم كج ، قياس سند بن علي وخلد بن عبد الملك
المروروذي بدمشق كان نزول الشمس اول الميزان سنة ۲۰۰
ليزدجرد بدمشق بعد نصف نهار اليوم كه من مرداذماه بثمان
وعشرين دقيقة من يوم وخمس عشرة ثانية ، قياس بغداد في
المرة الثانية بعد موت المامون الذي احتمع عليه جماعة من
اهل العلم يوميذ كان نزول الشمس اول الميزان علي ما رصدوه
بعد نصف نهار اليوم الثامن والعشرين من مرداذماه بثلاث
وعشرين دقيقة من يوم وخمس وعشرين ثانية وذلك في سنة
۲۱۳ ليزدجرد يكون الثلاث والعشرين الدقيقة من يوم الخمس
والعشرون الثانية طاكب ساعات معتدلات ودقايق ، قياس
كان بحضرة طاهر بن عبد الله في الاستوا الخريفي بنيسابور

Almerouroudi, faite à Damas. Le soleil entra dans le signe de la balance, l'an 201 d'Izdjerd, le 25 de mordadmah, à 28′ 15″ de jour, après midi.

(Équinoxe d'automne observé à Bagdad le 18 septembre 844.)

Observation faite à Bagdad, lors de la seconde suite d'observations, après la mort d'Almamoun. Le soleil entra dans la balance le 28 de mordadmah, 23′ 25″ de jour, après midi, l'an 213 d'Izdjerd. Les 23′ 25″ de jour font 9ʰ 22′, heures égales.

(Équinoxe d'automne observé à Nisabour le 18 septembre 851.)

Observation faite dans la ville de Nisabour, en présence de Thaher ebn Abdallah (1), avec une grande armille qui marquoit les minutes.

L'équinoxe d'automne arriva à midi de la septième férie, dernier jour de mordadmah de l'an 220 d'Izdjerd, 18 du mois eiloul de l'an 1162 d'Alexandre, 28 de rabi 1.ᵉʳ de l'an 237 de l'hégire.

Observation de Mohammed ebn Iaber ebn Senan Albattani. Le soleil, dit-il, parvint au point de l'équinoxe d'automne à Raccah, l'an 1194 d'Alexandre, 1206 depuis sa mort, quatre heures et demie et un quart environ (4ʰ 45′) avant le lever du soleil, le 19 du mois eiloul des Grecs, 8 du mois pachon des Coptes (2).

CHAPITRE V.

Des observations du soleil faites par ceux qui ont observé après les auteurs de la *Table vérifiée.*

Ces observateurs sont les fils de Moussa ebn Shaker.

(1) Le quatrième prince de la dynastie des Thahériens qui régna dans le Khorassan. *D'Herbelot,* pag. 1018.
(2) Albatén. *cap. 27.*

كان هذا القياس بحلقة كبيرة تخرج الدقايق وكان الاستوا
الخريفي بنصف النهار يوم السبت اخر يوم من مرداذماه سنة
رك ليزدجرد وذلك الثمانية عشر يوما من ايلول سنة الف
وماية واثنتين وستين للاسكندر وهو اليوم الثامن والعشرون
من شهر ربيع الاول ٣٢٧ للهجرة، قياس محمد بن جابر بن
سنان البتاني قال جازت الشمس علي نقطة الاعتدال الخريفي
بالرقة في سنة الف وماية واربع وتسعين من سني ذي القرنين
التي يعني من ممات الاسكندر سنة الف وماية واثنتين وست من
قبل طلوع الشمس من اليوم يط من ايلول من شهور الروم
وهي اليوم الثامن من باخون من شهور القبط باربع ساعات
ونصف وربع بالتقريب،

الباب الخامس

في ارصاد الذين رصدوا الشمس بعد رصد اصحاب
الممتحن وهم بنو موسي بن شاكر ولابي القاسم احمد بن
موسي بن شاكر زيج انفرد به دون اخوته وبنو ماجور ولمولي ابي

Aboulcassem Ahmed, l'un d'entre eux (1), a dressé une table particulière, différente de celle de ses frères.

Les fils d'Amajour. Moflih, affranchi d'Aboulhassan ebn Amajour, a composé aussi une table particulière.

Mohammed ebn Mohammed ebn Ioussef Alsamarcandi.

Mohammed ebn Iaber Albattani.

Aboulcassem Ali ebn Alhossaïn ebn Issa Alsherif Alhossaïni, surnommé ebn Alaalam (2).

Aboulhossaïn Assoufi Abdarrahman ebn Omar (3).

Ces astronomes sont à-peu-près d'accord sur la quantité du moyen mouvement du soleil, et ne diffèrent que dans les secondes sur la longitude dans l'année Persane de 365 jours.

Les fils de Moussa ebn Shaker, qui suivirent immédiatement les auteurs du *Calcul vérifié*, font le moyen mouvement du soleil, dans l'année Persane, de 11ˢ 29° 45′ 39″ 58‴ 2⁗, ce qui fait en degrés 359° 45′ 39″ 58‴ 2⁗, sa plus grande équation 2° 0′ 50″; le lieu de son apogée au temps d'Izdjerd (4), 20° 44′ 19″ des gémeaux; son mouvement, 1° dans 66 années Persanes.

Leur frère Aboulcassem Ahmed ebn Moussa ebn Shaker, rapporte dans sa table particulière, que le moyen mouvement du soleil dans l'année Persane, est de 11ˢ 29° 45′ 40″, en

---

(1) C'est le second des trois fils de Moussa.

(2) Cet astronome fleurissoit sous Adadeddoulat, prince de la dynastie des Bouïdes, qui aimoit beaucoup l'astronomie, et se vantoit d'avoir appris d'ebn Alaalam à se servir des tables astronomiques. Il mourut l'an 375 de l'hégire [985-986, ère vulgaire.] *Abulph.* p. 214. = Catalogue des Mss.

Arabes de la biblioth. de l'Escurial, tom. I, pag. 411.

(3) Contemporain du précédent. Adadeddoulat se vantoit pareillement d'avoir appris du Soufi à connoître le ciel. Cet astronome a composé sur les constellations un ouvrage très-étendu, dont il y a plusieurs exemplaires à la Bibliothèque nationale.

(4) 16 juin 632 de l'ère vulgaire.

الحسن بن ماجور مغـلـح زيج انغرد به ومحمد بن محمد بن
يوسف السمرقندي ومحمد بن جابر البتاني وابو القاسم علي
بن الحسين بن عيسي الشريف الحسيني المعروف بابن الاعلم
وابو الحسين الصوفي عبد الرحمن بـن عمه فانهم يقاربوا في
مقدار حركة الشمس الوسطي واما اختلفوا في مسيرها في
السنة الفارسية وهي ٢٠٠ يومًا في الثوالث فاما بنو موسي بـن
شاكر وهم يلون اصحاب الممتحن فان وسط الشمس عندهم
في السنة الغارسية وهي ٣٦٥ يوما يا كط مه لط نح ب رابعـة
يـكن مبسوطها شنط مه لط نح ب وجملة تعديلها ب . ن
ثانية ومكان اوجها ليزدجرد في الجوزا ك مه يط ومسير
الاوج عندهم في كل سو سنة فارسية درجـة واما اخوهم ابو
القاسم احمد بن موسي بن شاكر فانه ذكره في زيجه الذي
انغرد به ان وسط الشمس في السنة الغارسية يا كط مه م
ثانية يكون مبسوطها شنط مه م وجملة تعديلها ب . ج ثانية
ومكان اوجها في الجوزا كد لج دقيقة وذلك لتاريخ رصده وكان

degrés 359° 45′ 40″; sa plus grande équation, 2° 0′ 8″; le lieu de son apogée, 24° 33′ des gémeaux, au temps de son observation, l'an 220 d'Izdjerd (1).

Les fils d'Amajour, dans la table qu'ils ont intitulée *Albedia* (2), font le moyen mouvement dans l'année Persane, 11ˢ 29° 45′ 39″ 45‴, en degrés 359° 45′ 39″ 45‴, moindre que celui de la table des fils de Moussa ebn Shaker, de 13‴ 2‴; la plus grande équation, 2° 0′ 50″, comme les fils de Moussa; le lieu de l'apogée dans les gémeaux; la plus grande déclinaison du soleil, 23° 35′, comme selon les fils de Moussa.

Moslih ebn Ioussef, affranchi d'Aboulhassan Ali fils d'Amajour Alturki, dit que le moyen mouvement du soleil, dans l'année Persane, est de 11ˢ 29° 45′ 39″ 46‴, ce qui approche de la table *Albedia*; différence, 1‴; la plus grande équation, 2° 0′ 20″; le lieu de l'apogée, 24° 5′ des gémeaux.

Mohammed ebn Ahmed ebn Ioussef Alsamarcandi qui observa à Samarcande, l'an 234 d'Izdjerd (3), a déterminé dans sa table, le moyen mouvement du soleil pendant l'année Persane, 11ˢ 29° 45′ 39″ 58‴, en degrés, 359° 45′ 39″ 58‴ (4).

Mohammed ebn Iaber ebn Senan Albattani a divisé l'intervalle entre son observation de l'équinoxe d'automne et l'observation du même équinoxe faite par Ptolémée, et a trouvé le

---

(1) 851-852 de l'ère vulgaire.

(2) *Voy.* ci-devant, *p. 104, note* (2).

(3) 865-866 de l'ère vulgaire.

(4) Le texte porte ici 48‴, mais on lit auparavant 58‴. Au reste, je ne puis décider où est la faute, et peut-être faut-il lire, au contraire, dans les deux endroits, 48‴. Cette double expression de la même quantité que j'ai distinguée par les mots *en degrés*, est indiquée dans le texte par le mot بالطول que les traducteurs d'ouvrages Arabes, dans le XIII.ᵉ et le XIV.ᵉ siècle, n'auroient pas hésité de rendre par *expansi*. Le titre demi-barbare *anni expansi*, qu'on trouve dans les tables chronologiques, est la traduction littérale des mots سنون مبسوطة

في

في سنة ٢٢٠ من سني يزدجرد واما بنو ماجور فانهم اثبتوا في
زيجهم الذي سموه البديع وسط الشمس في السنة الفارسية
يا كط مه لط مه ثالثة يكون مبسوطها شنط مه لط مه ينقص
عن الوسط بزيج بني موسي بن شـــاكر زيج ثالثة ورابعتين
وجملة التعديل عندهم ب . ن كما هو عند بني موسي بن
شاكر سوا ومكان اوجها في الجوزا وجملة ميلها كج له وكذا
هو عند بني موسي بن شاكر سوا وذكر مغلح بن يوسف مولي
ابي الحسن علي بن اماجور التركي ان وسط الشمس في السنة
الغارسية يا كط مه لط مو ثالثة يكون ببسوطا شنط مه لط مو
وهذا قريب مما في الزيج البديع زيج بني اماجور انما بينهما
ثالثة واحدة واما جملة تعديل الشمس فانه عنك ب . ك ثانية
واما مكان اوجها فانه عنك في الجوزا كد ه واما محمد بن احمد
بن يوسف السمرقندي فانه ذكر ان رصده كان بسمرقند في
سنة ٣٣٠ من سني يزدجرد واثبت وسط الشمس في زيجه في
السنة الغارسية يا كط مه لط نح ثالثة يكون مبسوطا شنط مه
S

moyen mouvement du soleil, dans l'année Persane, de 11ˢ 29° 45′ 46″; en degrés, 359° 45′ 46″. Il a déterminé la plus grande équation de 1° 59′ 10″; le lieu de l'apogée dans 22° 14′ des gémeaux. Il rapporte cela dans sa table, et dit que son observation fut faite à Raccah (1).

Le shérif Aboulcassem Ali ebn Alhossaïn ebn Mohammed ebn Issa Alhossaïni, surnommé ebn Alaalam, fait, dans sa table, le moyen mouvement, dans l'année Persane, de 11ˢ 29° 45′ 40″ 20‴; en degrés, 359° 45′ 40″ 20‴.

Aboulhossaïn Assoufi Abdarrahman ebn Omar dit, dans sa table, que le mouvement du soleil, dans l'année Persane, est de 11ˢ 29° 45′ 40″ 2‴; en degrés, 359° 45′ 40″ 2‴ (2).

(1) Albatenius *[le Baténi ou Battani]*, ainsi appelé parce qu'il étoit d'un lieu nommé *Battan*, dépendant de la ville de Harran *[Charres]*, dans l'ancienne Mésopotamie, étoit aussi surnommé *al Harrani* ou *Charrani*. Il observa pendant plus de quarante ans, depuis l'an 264 de l'hégire, jusqu'en 306 [877-918 de l'ère vulgaire], et donna, dans cet intervalle, deux éditions de son ouvrage connu, en arabe, sous le nom de *Table Sabéenne*. Dans la seconde édition, qui passe pour la meilleure, la longitude des étoiles étoit calculée pour l'an 299 de l'hégire [911 de l'ère vulgaire], tandis que dans les tables qui parurent avec l'édition que nous avons, elle l'étoit pour l'an 1191 de Doulcarnaïn, 879 de l'ère vulgaire. (Albat. *c. 50, p. 202.*) Il y a apparence qu'Albatenius fit plusieurs changemens dans ses secondes tables, et cette remarque peut servir à expliquer la différence qui se trouve entre quelques élémens de cet auteur rapportés par ebn Iounis, et ceux qu'on trouve dans l'ouvrage *de Scientiâ Stellarum.* C'est de la seconde édition des tables d'Albatenius que doit être tiré le lieu de l'apogée du soleil, 22° 14′ des gémeaux, plus petit que 22° 17′ dans la première édition imprimée, tandis qu'il devroit être plus grand si l'auteur n'avoit pas calculé de nouveau et changé cet élément. *Voyez* les Annales d'Abulféda, *à l'année 317,* et le Catalogue des Mss. Arabes de la bibliothèque de l'Escurial, *tom. I, pag. 343.*

(2) Il est étonnant que l'ouvrage du Soufi [al Suphi, Azophi, &c.] sur les constellations, dont j'ai parlé, *p. 134,* note (3), soit aussi mal connu. On ne peut attribuer qu'au défaut de bons renseignemens les erreurs dans lesquelles le savant et respectable auteur de l'Histoire de l'astronomie ancienne et moderne est tombé, en parlant de cet ouvrage. J'en indiquerai ici seulement

لطائح واما محمد بن جابـر ابـن سنان البتاني فانه استعمل
القسمة فيما بين رصد للاعتدال الخريفي ورصد بطلميوس
ايضا الاعتدال الخريفي فخرج له وسـط الشمس في السنة
الفارسية يا كط مه مو ثانية يكون مبسوطه شنط مه مو
واستخرج جملة تعديل الشمس فوجد انط اي واستخرج مكان
اوجها فوجد في الجوزاكب يد دقيقة وقد ذكر ذلك في زيجه
وان قياسه كان بالرقة واما الشريف العالم الفاضل ابو القاسم
علي بن الحسين بن محمد بن عيسي الحسيني المعروف بابن
الاعلم فان وسط الشمس في زيجه في السنة الفارسية يا كط
مه م ك ثالثة يكون مبسوطا شنط مه م ك وذكر ابو الحسين
الصوفي عبد الرحمن بن عمر في زيجـه ان حركة الشمس في
السنة الفارسية يا كط مه م ب يكون مبسوطها شنط مه
م ب وعناية بني موسي بن شاكر وبني اماجور بالارصاد
وقوة علمهم بالهندسة والهيئة امـر معلوم مشهــور وكذلك
ذكـر الذي شاهدوا ابا القاسم علي بن الحسين الشريـف

L'exactitude des fils de Moussa et des fils d'Amajour, dans leurs observations, l'étendue de leur savoir en géométrie et en astronomie, sont célèbres, et connues de tout le monde. On rend le même témoignage à Aboulcassem Ali, surnommé ebn Alaalam; tous ceux qui l'ont connu donnent la plus haute idée de son habileté en astronomie, et de son exactitude dans les observations. Ils rapportent qu'ils ont vu, dans sa maison, les instrumens dont il se servoit pour observer, et qu'il les fabriquoit lui-même.

Tous les auteurs que je viens de citer ont déterminé le moyen mouvement en divisant les révolutions solaires par le nombre des années Persanes comprises entre leur observation et celle d'Hipparque. Je ne connois pas entre l'observation de Ptolémée et celle des auteurs du *Calcul éprouvé*, d'autre observation que celle d'Ahmed Alnewahendi (1) le calculateur, faite dans la ville de Joundishabour du temps de Iahia ebn Khaled ebn Barmek. Cet astronome a fait plusieurs observations qu'il a consignées dans sa table intitulée *Almoshtamal*. Il y fixe le moyen

quelques-unes. Le Soufi nous apprend dans sa préface, qu'il y a deux manières de connoître le ciel étoilé, celle des astronomes et celle des Arabes. Son ouvrage contient l'exposition des deux méthodes. Il décrit d'abord les constellations en usage parmi les astronomes Arabes, et il en donne deux figures, une sur la sphère, l'autre dans le ciel. Ces constellations sont celles de Ptolémée, sans aucune différence. On y trouve la couronne australe qu'on croyoit y manquer. (Hist. de l'astr. mod. p. 597.) L'auteur décrit ensuite les constellations connues anciennement des Arabes, et dont le souvenir se conserve dans un grand nombre de vers qui faisoient autrefois une de leurs principales études. Les trois constellations dont il est parlé dans l'Histoire de l'astronomie moderne (t. I, p. 597) appartiennent à ces anciennes constellations qui n'ont aucun rapport avec celles que nous tenons des Grecs, et ne peuvent pas être regardées comme y ayant été ajoutées.

(1) De la ville de Newahend, dans l'Irac Persan. Cet astronome observoit avant l'an 187 de l'hégire [803 de l'ère vulgaire], époque de la fin malheureuse d'Iahia ben Barmek [le Barmécide]. D'Herbelot, au mot *Iahia*, pag. 472; Abulfeda, année 187.

الحسيني المعروف بابن الاعلم اطنبوا في وصفه بعلم الهيئة
وعنايته بالارصاد وذكروا الهم راوا في دان الات لها وذكروا انه
كان يصنع الالات بيك وهولاء كلهم استعملوا في معرفة
وسط الشمس قسمة الادوار الشمسية علي السنين الفارسية
التي بين رصدهم ورصد ابرخس ولا اعلم بين رصد بطلميوس
وبين رصد اصحاب الممتحن رصدا الا رصد احمد بن محمد
النهاوندي الحاسب بمدينة جندي سابور في ايام يحيا بن
خلد بن برمك فانه رصد ارصادا اثبتها في زيج سماه
المشتمل واثبت فيه وسط الشمس في السنة الفارسية ياكط
مه م م يكون مبسوطا شنط مه م م واراه استعمل القسمة
فيما بين رصدك ورصد ابرخس واما اصحاب الممتحن فانهم
استعملوا في استخراج وسط الشمس القسمة علي الزمان الذي
بين رصدهم ورصد بطلميوس فـزاد علي حركتها في السنة
الفارسية خمس ثوان بالتقـريب وقد استخرجت انا مسير
الشمس الاوسط في السنة الفارسية فيما بين قياس يحيي بن

mouvement du soleil, dans l'année Persane, à 11ˢ 29° 45′ 40″ 40‴; en degrés, 359° 45″ 40″ 40‴. Je vois qu'il a divisé l'intervalle entre son observation et celle d'Hipparque; mais les auteurs du *Calcul éprouvé* ayant divisé, pour avoir le moyen mouvement du soleil, le temps écoulé entre leur observation et celle de Ptolémée, l'ont trouvé plus grand de 5″ environ.

J'ai déterminé le moyen mouvement du soleil, dans l'année Persane, par l'intervalle entre l'observation de l'équinoxe d'automne faite par Iahia ebn Aboumansour (1), et celle du même équinoxe par Hipparque, et j'ai trouvé 11ˢ 29° 45′ 39″ 54‴; en degrés, 359° 45′ 39″ 54‴ : ce qui approche beaucoup de ce qu'ont trouvé les fils de Moussa, la différence étant seulement de 4‴ 2″″.

J'ai trouvé, par l'intervalle entre une observation de l'équinoxe d'automne que j'ai faite, et l'observation du même équinoxe par Hipparque, 11ˢ 29° 45′ 40″ 3‴ 44″″; en degrés, 359° 45′ 40″ 3‴ 44″″.

L'uniformité du moyen mouvement, depuis la détermination des fils de Moussa jusqu'au temps que je l'ai observé, prouve la bonté de ce moyen mouvement, et qu'il vaut mieux employer l'observation d'Hipparque pour la division, que celle de Ptolémée.

Différences dans le lieu du cœur du lion mesuré par plusieurs astronomes.

Je rapporterai ces différences, afin que ceux qui veulent connoître la science du calcul et de l'observation des corps célestes, en comprennent toute la difficulté; et, voyant combien on a de peine à saisir la vérité, soient plus disposés à excuser

(1) *Voy.* ci-devant, *pag. 130.*

ابي منصور الخزيني وقياس ابرخس الخريفي فوجدته ياكطمه

لط ند يكون مبسوطا شنط مه لط ند فهذا قريب جدا مما

خرج لبني موسي بن شاكر اما بينهما اربع ثوالث ورابعتان

وخرج لي انا وسط الشمس فيما بين قياسي الاعتدال الخريفي

وقياس ابرخس للاعتدال الخريفي في السنة الفارسية ياكط

مه م ج مد يكون مبسوطا شنط مه م ج مد واستمرار الوسط

من لدن قياس بني موسي الي الزمن الذي قست فيه يشهد

بصحة وسط الشمس وان الصواب استعمال رصد ابرخس

في القسمــــة دون رصد بطلميوس وبالله التوفين، اختلاف

القايسين لقلب الاسد في مكانه وانما ذكرت ذلك ليعلم من

نظر في علم قياس الكواكب ورصدها صعوبة الامر وان

ادراك الحقيقة عسر جدا ليقوم عند عذر المجتهدين في

الــرصد متي وقع الخلل والله يهــــدي من يشا الي صراط

مستقيم، ذكر احمد المعروف بجش في زيجه العربي ان مكان

قلب الاسد في سنة ٢٢٢ للهجرة وذلك في سنة ٢٩١ ليزدجرد في

les erreurs qui peuvent échapper aux personnes qui se livrent à ce genre d'étude (1).

Ahmed, surnommé Habash, rapporte dans sa table Arabe (2), que le cœur du lion étoit, l'an *214* de l'hégire, 198 d'Izdjerd (3), dans 13° précisément du lion; sa latitude, 15' septentrionale. Thabet ebn Corah donne la même mesure dans son livre sur l'année solaire (4), et Alfadl ebn Hatem l'a insérée dans sa table.

Le même Habash, dans son traité des observations faites à Bagdad, rapporte que le cœur du lion fut mesuré en présence d'Almamon, l'an *214* de l'hégire, 198 d'Izdjerd (5), et trouvé dans 13° 9' du lion; différence entre les deux observations faites la même année, 9'.

Le même Habash, dans la lettre où il traite des observations faites à Damas, rapporte que ceux qui observoient dans cette ville, trouvèrent le cœur du lion dans 13° 15' du lion, l'an *217* de l'hégire, 201 d'Izdjerd (6). Entre ces deux observations il y a trois ans, et la différence dans le lieu de l'étoile est de 15': quand on retrancheroit pour les trois ans 3', il reste toujours 12', dont l'observation de Damas surpasse celle de Bagdad adoptée par Habash dans sa table Arabe.

(1) Le texte ajoute : et Dieu conduit qui il veut dans le sentier de la droiture.

(2) Je crois que c'est la même que la table vérifiée du même auteur, intitulée *Canoun*, et citée sous ce titre dans le chapitre 11 de cet ouvrage; elle est appelée *table Arabe* (ou *Arabique*. Voy. ci-devant, *pag. 42 et 124*.) pour la distinguer de deux autres tables composées précédemment par le même auteur, l'une selon la méthode Indienne, l'autre selon la méthode des Perses. (Ci-devant, *pag. 82, note* (2).)

(3) 829-830, ère vulgaire.

(4) Ce livre est indiqué dans la liste des ouvrages de Thabet, rapportée par Casiri. (Catalogue des Mss. Arabes de la bibl. de l'Escurial, *p. 387*.) Parmi un grand nombre de traités curieux dont cette liste renferme les titres, on remarque plusieurs recueils d'observations écrits tant en arabe qu'en syriaque, ouvrages vraisemblablement perdus, et qu'on doit regretter.

(5) 829-830, ère vulgaire.

(6) 832-833, ère vulgaire.

الاسد

الاسد يج درجة سوا وان عرضه في الشمـال يه دقيقة ومثل
ذلك ما ذكره ثابت بن قـــرة في كتابه في سنة الشمس وكذلك
اثبته الفضل بــن حاتم في زيجــه وذكره حبش في كتابه في
الارصاد ببغداد ان قلب الاسد قيس بحضرة المامون في سنة
اربع عشرة ومايتين للهجرة وفي سنة ۲۱۰ ليزدجرد فـــوجد في
الاسد يج ط بينها في مكانه تسع دقايــق والقياسان في سنة
واحدة وذكره احمد بن عبد الله حبش في الرسالة التي يذكر
فيهـا رصد دمشق ان الراصدين بهـــا قاسوا قلب الاسد
فوجدوه في الاسد يج يه وذلك في سنة ۲۱۷ للهجرة وذلك في
سنة احدا ومايتين ليزدجرد بين الرصدين ثلاث سنين وبينها
في مكان الكوكب خلاف يه دقيقة واذا نقصنا من مكان قلب
الاسد لثلاث سنين التي بين تاريخ الرصدين ثلاث دقايـــق
علي ان مسير بالتقريب كان بين القياسين يب دقيقة زيادة
للـــقياس الدمشقي علي القياس البغــدادي الذي اثبته
حبش في زيجه العربي وذكر ابو معشر جعفر بن محمد البلخي

T

Abou Maashar Jaafar ebn Mohammed Albalkhi (1) rapporte dans sa table, que les auteurs du Calcul éprouvé observèrent le cœur du lion l'an 211 de l'hégire, 195 d'Izdjerd (2), et le trouvèrent dans 13° 30′ du lion. Cette observation est antérieure de trois ans à celle rapportée par Habash, dans sa table Arabe. Si nous y ajoutons 3′ pour le mouvement dans trois ans environ, nous aurons le lieu, pour l'an 198 d'Izdjerd, 13° 33′ du lion, qui surpasse de 33′ le lieu rapporté par Habash dans sa table Arabe. Voilà donc deux observations qui diffèrent beaucoup l'une de l'autre.

Les fils de Moussa rapportent dans leur table, qu'ils ont observé le cœur du lion l'an 219 d'Izdjerd (3), et qu'ils l'ont trouvé dans 13° 27′ du lion; ce qui approche de la mesure rapportée par Habash, qui fut prise l'an 198 d'Izdjerd, en présence d'Almamon, 13° 9′; car, en partant de la mesure

---

(1) De la ville de Balkh dans le Khorassan. Abou Maashar, après s'être appliqué long-temps aux traditions Mahométanes, et avoir été violent détracteur de la philosophie, se livra, à l'âge de quarante-sept ans, à l'étude des sciences exactes, mais se laissa bientôt séduire par les prestiges de l'astrologie judiciaire (*Abulph. pag. 178*). D'Herbelot fait mention de ces tables astronomiques au mot *zig*, p. 934, et au mot *Abou Maashar*, p. 27. La liste de ses ouvrages, qu'on trouve dans le Catalogue des Mss. Arabes de la bibliothèque de l'Escurial, en distingue deux, une grande et une plus petite, connue sous le nom de *Conjonctions*, qui renferme les conjonctions de jupiter et de saturne depuis le déluge. L'ouvrage du

même auteur intitulé مدخل *Medkhal*, a été traduit en latin sous le titre d'*Introductorium*. Le titre d'un autre ouvrage d'Abou Maashar, كتاب الهيلاج *kitab al Hilag*, rappelle le mot *Hyleg* ou *Hylech*, si souvent répété dans les ouvrages d'astrologie. Je ne sais pourquoi le savant Casiri a traduit ce mot, en deux endroits, par *Oneirocritica*. Abou Maashar naquit, selon d'Herbelot, l'an de l'hégire 190 [805-806 de l'ère vulgaire], et mourut l'an 272 [885-886 de l'ère vulgaire]. S'il est vrai que cet astronome vécut plus de cent ans, comme le dit Abulpharage, il y a erreur dans l'une des deux dates.

(2) 826-827, ère vulgaire.

(3) 850-851, ère vulgaire.

في زيجه ان اصحاب المتحن قلسوه في سنة ٢١٣ للهجرة وفي

سنة ١٩٨ ليزدجرد فوجدوا مكانه في الاسد يج ل وهذا القياس

متقدم للقياس الذي ذكره حبش في زيجه العربي بثلاث

سنين فاذا زدنا علي مكان قلب الاسد الذي ذكره ابو معشر

في زيجه مسير قلب الاسد في ثلاث سنين بالتقريب علي انه

ثلاث دقايس كان مكانه في سنة ١٩٨ ليزدجرد في الاسد يج لج

يزيد علي ما ذكره حبش في زيجه العربي لج دقيقة وهـذان

القياسان متباينان كثيرا وذكر بنو مـوسي بن شاكر في

زيجهم اقهم قاسوا قلب الاسد في سنة ٢١٣ ليزدجرد فوجدوه في

الاســـد في يج كز وهذا قريب ما ذكره حبش في قـوله

ان قلب الاسد قيس بحضرة المامون في سنة ١٩٨ ليزدجرد فوجد

في الاسد في يج ط يكون بالتقريب في سنة مايتين ليزدجرد في

الاسد في يج يا دقيقة وفي سنة مايه وثمان وتسعـــين في يج

درجة من الاسد وتسع دقايق كما ذكره حبش في الارصاد التي

رصدت ببغداد بحضرة المامون سوا وذكر عن بني موسي

des fils de Moussa, on aura pour le lieu du cœur du lion, l'an 200 d'Izdjerd, 13° 11' du lion environ, et, pour l'an 198, 13° 9', précisément comme le rapporte Habash dans son Traité des observations faites à Bagdad, en présence d'Almamon (1).

On rapporte que les fils de Moussa observèrent le cœur du lion, l'an 209 d'Izdjerd (2), et le trouvèrent dans 13° 49' 40".

Ils l'observèrent encore dans leur maison située sur le pont (à Bagdad) (3) l'an 216 d'Izdjerd (4), et le trouvèrent dans 13° 50' 15". Il avoit avancé, en sept années Persanes, de 6' 15". Si on divise cela par 7, on aura pour une année, environ 53" 34'"; le mouvement pour neuf ans, 8' 2" environ; et le lieu, l'an 200 d'Izdjerd, dans 13° 41' 38". Ce lieu, selon Habash dans sa table Arabe, l'an 200 d'Izdjerd, dans 13° 1' 47" (5), moindre que l'observation des fils de Moussa, de 39' 51" (6); et en nombre plus rond, 40'. Cela s'accorde avec ce que rapporte Aboulabbas Alnaïrizi dans sa table.

Les observations des fils de Moussa, dit-il, en parlant du lever de sirius, surpassent celles faites dans Shémasia à Bagdad (7), de 47'.

Le Mahani rapporte qu'il observa le cœur du lion, l'an

(1) La différence est seulement de 9", en supposant le mouvement un degré en 70 ans environ, 51" par an.

(2) 840-841, ère vulgaire.

(3) C'est dans cette même maison que ces trois frères célèbres observèrent l'obliquité de l'écliptique, 23° 25'. Il paroît qu'ils y avoient leur observatoire. Le pont sur lequel elle étoit bâtie aboutissoit à une porte de la ville appelée *Bab al thac*, sur le bord oriental du Tigre. *Voy.* les notes de Golius sur Alfergan, *p. 70.*

(4) 847-848, ère vulgaire.

(5) Le cœur du lion, selon la table Arabe de Habahs, dans 13° du lion, l'an 198 d'Izdjerd (ci-devant, *p. 160*): ajoutant 53" 34'" par an, on a, pour l'an 200, 13° 1' 47" 8'".

(6) J'ai suppléé le nombre des minutes qui est omis dans le texte.

(7) C'est le nom d'une rue ou d'un quartier, dans la partie la plus élevée de la ville de Bagdad, où étoit l'observatoire d'Iahia et des autres astronomes du calife Almamon.

بن شاكر انهم قاسوا تلب الاسد سنة رطا ليزدجرد فوجدوه

في الاسد في يج م ــط م ورصدوا ايضا في دارهم التي علي

الجسر في سنة مايتين وستة عشرة ليزدجرد فوجدوا تلب

الاسد في الاسد يج ن يه ســا ر في سبع سنين فارسية ست

دقايق وخمس عشر ثانية واذا قسمتها علي السنين السبع التي

بين القياسين اصاب السنة الواحدة بالتقريب ثواني وثوالث

نج له يكون مسيره في تسع سنين ثماني دقايــق وثانيتين

بالتقريب يكون مكانه في سنة رّ ليزدجرد في الاسد في يج ما

لح ومكانه علي ما ذكر حبش في زيجــه العربي في سنة رّ

ليزدجرد في الاسد في يج ا مزثانية تنقص عن رصد بني موسي

بن شاكر دقيقة نا ثانية فاذا جبرته كان م دقيقة وهذا يوافق

ما ذكر ابو العباس الردي في زيجه لانه قال حين ذكر ظهور

الشعرا فارصاه بني موسي بن شاكر يــزيد علي ارصاه

الشملسية ببغداد مزّ دقيقة وذكر اللهــاني انه قاس قلب

الاسد في سنة رّل من سني يــزدجرد فــوجك في الاسد في

230 (1) d'Izdjerd, et qu'il le trouva dans 14° 6' du lion, ce qui donne pour son lieu, l'an 200 d'Izdjerd, 13° 39' environ.

Khaled ebn Abdalmalek Almerouroudi observa le cœur du lion en présence de Send ebn Ali et d'Abbas ebn Saïd Aljouheri, et le trouva dans 13° 42' 10", sa latitude 10' septentrionale, l'an 217 de l'hégire, 201 d'Izdjerd (2). Cette mesure est fort éloignée de celle que rapportent Habash dans sa table Arabe, et Thabet dans son Traité de l'année solaire.

Mohammed ebn Ahmed ebn Ioussef Alsamarcandi (3) rapporté dans sa table, que le cœur du lion étoit, l'an 234 (4) d'Izdjerd, dans 13° 40' du lion; ce qui donne pour l'année 200 d'Izdjerd, 13° 11', le mouvement étant supposé d'un degré en 70 années Persanes, ou 13° 41' pour la même année 200 d'Izdjerd, son mouvement étant supposé d'un degré en 66 années Persanes.

Les fils d'Amajour, dans leur table intitulée *Albedia* (5), rapportent qu'ils ont trouvé le cœur du lion, l'an 306 de l'hégire, 288 d'Izdjerd (6), dans 14° 32'. L'intervalle, depuis l'an 200 d'Izdjerd, est de 88 années Persanes, pendant lesquelles le mouvement du cœur du lion est de 1° 20', en le supposant d'un degré en 66 années Persanes; son lieu sera donc, l'an 200 d'Izdjerd, dans 13° 12' du lion. Le mouvement, en 88 ans, sera d'environ 1° 15', en le supposant d'un degré en 70 années Persanes, et le lieu, pour l'an 200 d'Izdjerd, seroit dans

---

(1) 861-862, ère vulgaire.

(2) 832-833, ère vulgaire. Khaled et Send observèrent, la même année, à Damas, l'équinoxe d'automne (ci-devant p. 130), et l'obliquité de l'écliptique, 23° 33' 52". *Gol. ad Alferg.* p. 69. Iahia n'est pas nommé dans ces observations, parce qu'il étoit mort à cette époque.

(3) Déjà cité ci-devant, p. 136.

(4) 865-866, ère vulgaire.

(5) *Voyez* ci-devant p. 104, note (2).

(6) 918-919, ère vulgaire.

اربع عشرة درجة وست دقايق يكون مكان قلب الاسد في

سنة رد من سني يزدجرد في يح لط بالتقريب وقاس خلد بن

عبد الملك المروروذي بحضن سند بن علي والعباس بن سعيد

الجوهري قلب الاسد فوجده في الاسد في يح مب ي

وعرضه في الشمال ٮي ذقايق وذلك في سنة ٢٢٧ للهجرة وفي

سنة ٢٠٢ ليزدجرد وهذا ايضا بعيد جدا ما حكاه احمد بن

عبد الله حبش في زيجه العربي وحكاه ثابت بن قسه في كتابه

في سنة الشمس وذكر محمد بن احمد بن يوسف السمرقندي

في زيجه ان مكان قلب الاسد في سنة ٢٣٤ ليزدجرد في الاسد

في يح م يكسون في الاسد في سنة ٢٠٠ ليزدجرد في يح يا علي

ان حركة قلب الاسد في كل عح سنة فارسية درجة ويكون مكانه

في الاسد في يح درجة ما دقايق في سنة مايتين ليزدجرد علي

ان حركته في كل سو سنة فارسية درجة وذكر بنو اماجور في

زيجهم البديع انهم قاسوا في سنة شو للهجرة وذلك في

سنة ٢٨٨ ليزدجرد فوجدوه في الاسد في يد لب بينه وبين

13° 17' (1). Selon les fils d'Amajour, et selon ceux qui prétendent que le mouvement des étoiles fixes est d'un degré en 100 années Persanes, il sera de 53' environ en 88 ans, et le lieu du cœur du lion, l'an 200 d'Izdjerd, dans 13° 39' du lion.

Saïd ebn Khafif Alsamarcandi dit qu'il a trouvé dans l'original d'Aboulcassem ebn Amajour (2), 14° 17' du lion pour l'an 304 de l'hégire (3).

Le schérif Aboulcassem Ali ebn Alhossaïn ebn Mohammed ebn Issa Alhossaïni, surnommé ebn Alaalam (4) rapporte qu'il a

(1) Le texte porte 13° 14'; mais le calcul prouve qu'il faut 13° 17', et la correction est d'autant plus sûre, qu'il ne peut y avoir de doute sur la quantité à soustraire 1° 15', laquelle est exprimée dans le texte par les mots mêmes *un degré quinze minutes*, et non par les lettres numériques.

(2) L'un des auteurs de la table Albédia, comme il paroît par ce passage. Dans la note sur les Amajours (Benou Amajour), ci-devant, p. 104, j'ai parlé d'un astronome de cette famille auquel se rapporte une courte notice insérée dans le Catalogue des manuscrits Arabes de la bibliothèque de l'Escurial. On lit dans cette notice, traduite par Casiri, que cet astronome étoit de la race royale des Pharaons. Cette origine m'a paru si hors de vraisemblance, et si peu analogue au surnom d'Alturki [le Turk] donné à Amajour, que j'ai cherché à expliquer autrement ce passage. J'ai pensé que le texte Arabe avoit été mal lu, ou qu'il y avoit faute dans le manuscrit, et qu'au lieu de الفراعنة

les Pharaons, il falloit lire الفرغانة *la province de Fergana*, qui fait partie du Turkestan. Un passage d'Abulfeda que je me suis rappelé depuis, me persuade qu'il suffit d'ajouter seulement un point, et qu'il faut lire الفراغنة tant dans le passage en question que dans celui d'Abulfeda où le mot a été aussi mal lu.

Dans ce dernier auteur, ce nom est celui d'une milice attachée aux califes de Bagdad : ainsi lu, il indique que cette milice étoit composée de soldats originaires de Fergana, comme le nom d'une autre milice المغاربة *almogáreba*, indique qu'elle étoit composée de Mogrébins ou Africains. Dans le passage cité par Casiri, ce nom peut désigner seulement les habitans de Fergana. Alfergan (en arabe *Alfergani*) étoit aussi de Fergana.

(3) D'après ce lieu, marqué dans la table Albédia, pour l'an 306 de l'hégire, le lieu pour l'an 304 devroit être 14° 30' environ, et non 14° 17'.

(4) *Voy.* ci-dev. p. 134, note (2).

سنة

سنة مايتين ليزدجرد فح سنة فارسية يسير فيها تلب الاسد
درجة وعشرين دقيقة علي ان حركة في كل سوسنة فارسية
درجة يكون مكانه في سنة ٣٠٠ ليزدجرد في الاسد في يح يب
ويسير بالتقريب درجة وخمس عشر دقيقة علي ان حركته في
كل ع سنة فارسية درجة يكون مكانه في سنة ٣٠٠ ليزدجرد في
الاسد في يح يد ويسير بمذهبهم ومذهب من يرا ان حركة
الكواكب الثابتة في كل ق سنة فارسية درجة نج
بالتقريب يكون مكانه في سنة ر ليزدجرد في الاسد في يح لط
وذكر سعيد بن خفيف السمرقندي انه وجد بخط ابي القلم
بن الماجور في الاسد في يد يز في سنة شد للهجرة وذكر
الشريف ابو القلم علي بن الحسين بن محمد بـن عيسي
الحسيني المعروف بابن الاعـــلم انه قاس تلب الاسد في سنة
شسة للهجرة فوجد في الاسد في يه ووذكر لي من شاهد هذا
الشريف رحمه الله انه كان من اهل العلم والفـضل شديد
العناية بالارصاد وذكر ان تلب الاسد وغين من الكـواكب

٧

trouvé le cœur du lion, l'an 365 de l'hégire (1), dans 15° 6' du lion. Quelqu'un qui a connu ce shérif m'a assuré qu'il étoit très-savant, et fort exact dans ses observations (2). Ce shérif dit encore que le cœur du lion et les autres étoiles fixes, les apogées et les nœuds s'avancent d'un degré en 70 années Persanes. La mesure adoptée par ce shérif s'accorde avec celle de Habash dans sa table Arabe, en supposant le mouvement d'un degré en 70 années Persanes (3).

DES PLANÈTES. Ahmed ebn Abdallah Habash dit...(4) : La conjonction arriva la sixième férie, jour de deïbadur [le 8 du mois Persan], 29 de rabi premier, l'an 214 de l'hégire, 198 d'Izdjerd (5).

(1) 975-976, ère vulgaire.

(2) Ebn Iounis a déjà fait l'éloge de cet astronome, ci-devant p. 140.

(3) En comparant le lieu du cœur du lion, 13° du lion, rapporté par Habash dans sa table Arabe (ci-devant p. 144), à celui que donne Ptolémée, 2° 30', on trouve que la différence est de 10° 30' en 690 ans, qui donne un degré en 66 ans. C'est le mouvement progressif des étoiles fixes adopté par les astronomes d'Almamon. Cette précision seule prouveroit que ce lieu n'est pas une observation, mais un calcul fait d'après une détermination qui doit avoir été établie par un milieu pris entre plusieurs observations. Les fils de Moussa paroissent avoir suivi l'opinion d'un degré en 66 ans, qui fut aussi celle d'Albaténius. Un siècle et demi environ après l'époque d'Almamon, vers l'an 975 de l'ère vulgaire, Ebn Alaalam trouva pour ce mouvement, un degré en 70 ans; Ebn Iounis, quelques années après, un degré en 70 ans ⅓. Mais l'opinion d'un degré en 66 ans prévaloit, et étoit encore la plus commune lors de la construction des tables Persanes, dont on doit la connoissance à Bouillaud. Ces tables font ce mouvement d'un degré en 68 ans lunaires qui équivalent à 66 années solaires *; Nassireddin se détermina pour un degré en 70 ans, et fut suivi par tous les astronomes orientaux qui ont paru après lui.

(4) L'observation qui suit n'est pas entière : il doit y avoir ici une lacune dans le texte.

(5) 5 juin 829, ère vulgaire.

* Riccioli, qui n'a pas fait attention que ces 68 années étoient lunaires, suppose le mouvement, d'après ces tables, un degré en 68 années solaires. (Almag. 1, 168.)

الثابتة والاوجات والجوزهرات يسير في كل ع سنة فارسية درجة

وهذا القياس الذي ذكره الشريف يوافق ما ذكره حبش في

زيجه العربي علي ان الحركة في كل ع سنة فارسية درجة

الكواكب قال احمد بن عبد الله حبش كان القران يوم

الجمعة روز ديباذر اليوم التاسع والعشرين من شهر ربيع

الاول سنة ۲۱۳ للـهجـرة وهي سنة ۱۹۸ ليزدجرد وقال قست

الزهرة عند العتمة سنة ۱۹۸ ليزدجرد ذماي مهر وروز بهمن

فوجدناها في القوس كب مب قال ورايت المشتري مقارنا

قلب الاسد يوم الاربعا سلخ رجب سنة ۳۰۰ للهجرة وذلك هو

يوم الاحد والعشر ن من مرداذماه سنة ۳۰۸ ليزدجرد وهو

اليوم السادس من ايلول سنة ۱۲۰۰ للاسكندر وكان المشتري

الي الشمال قليلا قال وحسبناها فوجدت المشتري في الاسد

يحتاج ان ينقص من وسط المشتري مئز دقيقة وقال

احمد بن عبد الله رايت يوم الاحد طلوع الفجر الزهرة والمريخ

في السنبلة متلاصقين كانهما كوكب واحد وذلك اليوم السادس

J'ai observé, dit-il, vénus le soir du jour de Bahmen (le 2) du mois deïmah, l'an 199 d'Izdjerd (1), et je l'ai trouvé dans 22° 42′ du sagittaire.

(Conjonction de jupiter et du cœur du lion observée à Bagdad le 6 septembre 864, ère vulgaire.)

J'ai vu, dit-il, jupiter en conjonction avec le cœur du lion, la quatrième férie, dernier de rajab de l'an 250 de l'hégire, qui étoit le 21 de mordadmah de l'an 233 d'Izdjerd (2), le 6 eïloul de l'an 1175 d'Alexandre; jupiter étoit un peu au nord. Nous avons calculé les lieux, et nous avons trouvé jupiter dans 14° 18′ du lion : il faut ôter du moyen mouvement de jupiter, 47′ (3).

(Conjonction de vénus et de mars observée à Bagdad le 10 octobre 864, ère vulgaire.)

J'ai vu, dit-il, la première férie, au lever de l'aurore, vénus et mars dans la vierge, ne faisant, pour ainsi dire, qu'une seule planète; c'étoit le 6 de ramadhan, l'an 250 de l'hégire, le 7 de mehrmah de l'an 233 d'Izdjerd. Je les ai vus ainsi confondus avant l'heure de la prière de la première férie. Nous avons obtenu leur conjonction de cette manière dans la table *Alshemasia* (4), en ajoutant à l'épicycle de vénus, et au moyen mouvement du

---

(1) 25 janvier 831, ère vulgaire.

(2) Le manuscrit porte 238, mais la correspondance avec les autres ères prouve qu'il faut 233.

(3) En partant du lieu du cœur du lion (13° du lion) donné par Habash dans sa table Arabe pour l'an 198 d'Izdjerd (ci-devant, *pag. 160*), et supposant avec lui le mouvement un degré en 66 ans, on a pour l'an 233,

13° 31′ du lion, lieu de l'étoile et de jupiter; mais jupiter, par la même table, étoit alors dans 14° 18′ du lion; différence, 47′.

(4) C'est la table vérifiée qui parut sous Almamon. Elle est ainsi appelée parce que les observations furent faites dans un endroit de Bagdad nommé Shémasia. Ci-devant, *pag. 148, note* (7).

من شهر رمضان سنة ٣٩٠ للهجرة وهو اليوم السابع من
مهرماه سنة ٣٣٢ ليزدجرد ورايتها هكذا متلاصقين من قبل ان
تقام الصلاة يوم الاحد قال وهكذا خرج اجتماعها بـزيج
الشماسية على انا زدنا على تدوير الزهـرة د ل وعلى وسـط
الشمس بزيج الشماسية وعلى انا نقصنا من تدوير المريخ . ل
دقيقة ثم نقصنا تدوير من وسـط الشمس بالشماسية، ما
شاهد ابو الحسن على بن اماجور قال رايت الزهرة كسفت
قلب الاسد غداة يوم الجمعة لاربع بقين من شهر ربيع الاول
سنة ٢٧٢ للهجرة وروز نيران من مرداذماه سنة ٢٣٥ ليزدجرد قبل
طلوع الشمس بساعة كسوفا صحيحا لانهـا كانت غداة يوم
الخميس متاخرة عنه بارج من جز وغداة يوم السبت متقدمة
بمثل ذلك ولم يستبن تلـب الاسد غداة يوم الجمـعة قال
وعاينت الزهرة مع المريخ بينها اقل من اربع اصابع والزهرة منه
في جهة الشمال ليلة الاثنين الثالث عشر من شهر رمضان
سنة ٣٥٠ للهجرة وهما في السنبلة بينها اربع دقايق المـريخ

soleil dans la table *Alshemasia*, 4° 30'; ensuite, retranchant de l'épicycle de mars 30', et retranchant son épicycle du moyen mouvement du soleil.

Observations d'Aboulhassan Ali ebn Amajour.

(Occultation du cœur du lion par vénus le 9 septembre 885, ère vulgaire.)

J'ai vu, dit-il, une occultation parfaite du cœur du lion par vénus, le matin de la sixième férie, 26 du mois de rabi premier de l'an 272 de l'hégire, le jour aniran de mordadmah de l'an 254 d'Izdjerd, une heure avant le lever du soleil. Vénus étoit, le matin de la cinquième férie, éloignée du cœur du lion de plus d'un degré; le matin de la septième férie, plus avancée de la même quantité; et le matin de la sixième férie, le cœur du lion ne fut pas visible.

(Conjonction de vénus et de mars le 23 octobre 896, ère vulgaire.)

J'ai vu, dit-il, vénus avec mars : il y avoit entre eux moins de quatre doigts; vénus étoit au nord de mars, la seconde férie 13 du mois de ramadhan de l'an 283 de l'hégire (1); ils étoient dans la vierge, éloignés seulement de 4'; mars dans 24° 33', vénus dans 24° 37', le soleil dans le scorpion, 7° 5'.

(Conjonction de vénus et de jupiter observée à Shiraz le 4 octobre 901, ère vulgaire.)

J'ai vu, dit-il, à Shiraz, vénus en conjonction avec jupiter dans la vierge, dans le temps de l'aurore, où devoit commencer le jeûne de la troisième férie, 19 de shoual de l'an 288 de l'hégire : il y avoit entre les deux planètes, l'intervalle d'un

---

(1) Le manuscrit porte 383, mais il paroît que c'est une faute, les obser- | vations qui suivent étant encore du III.ᵉ siècle de l'hégire.

كد لج والزهرة كد لر الشمس في العقرب زه قال ورايت

الزهرة قارنت المشتري في السنبلة في وقت طلوع الفجر

لصيام يوم الثلاثا التاسع عشر من شوال سنة ٢٨٨ للهجرة

ونحن بشيراز وبين الزهرة والمشتري في راي العين نحو ثر

والزهرة الي ناحية الشمال ووقع في ظني اها ساوته في دقيقة

عند طلوع الشمس فلما كان في صباح يوم الاربعا رايتها

وقد جاوزته بنحو عظم الذراع او شبر تام في راي العين وقال

اقترن عطارد والزهرة وراي العين بينها شبر ثم اسرعت

الزهرة وابطا عطارد ليلة الثلاثا لسبع خلون من جمادي الاخر

سنة ٢٨٨ للهجرة ونوضعها يوم الاثنين نصف النهار بالممتحن

الزهرة ب كد كو عطارد ب كب ط مستقيمين الشمس ب ي

وهو الثالث من ارد بهشت ماه سنة ٢٧١ ليزدجرد قال ورايت

زحلا والمريخ مقترنين في برج الدلو لصباح يوم الاثنين لاربع

بقين من شهر ربيع الاول من شهور سنة ٢٩٠ للهجرة وفي اليوم

العشرين بهرام وروز من بهمن ماه من سنة ٢٧١ ليزدجرد وهو

fetr (1), à la vue. Vénus étoit au nord : il me parut qu'elle avoit atteint jupiter au lever du soleil ; et le matin de la quatrième férie, je la vis qui avoit déjà passé jupiter de près d'une coudée ou plus d'un shebr (2), selon mon estime.

(Conjonction de mercure et de vénus le 19 mai 902, ère vulgaire.)

Mercure, dit-il, fut en conjonction avec vénus la troisième férie, 8 de joumadi second de l'an 289 de l'hégire. Il y avoit entre eux un shebr, selon mon estime. Vénus fut ensuite accélérée, et mercure retardé ; leurs lieux, le jour de la seconde férie,

---

(1) Le fetr, ainsi que le shebr et le doigt, dont il sera bientôt question ; sont des subdivisions de la coudée (dra) qui contient 24 doigts ; le shebr, ou empan, est environ la moitié de la coudée, et peut contenir 12 doigts : c'est proprement l'espace qu'on peut mesurer depuis l'extrémité du pouce jusqu'à celle du petit doigt ; le fetr est l'espace renfermé entre l'extrémité du pouce et celle de l'index écartés l'un de l'autre, on l'évalue 8 à 10 doigts. (*Ed. Bernard, de Mensur. et pond.* pag. 195.) Ebn Iounis définit, dans un endroit, le fetr, 4 doigts ouverts, (اربع اصابع منفرجة). Pour se faire une idée de ces mesures appliquées aux espaces célestes, il faut connoître d'abord la valeur de la coudée. Ebn Iounis ne fait mention dans ce qui suit, que du shebr et du fetr. Il est souvent question de la coudée et du shebr dans le Traité des constellations du Souphi, dont j'ai parlé, *p. 138*, note (2). Cet auteur, outre la longitude et la latitude des étoiles, donne encore leurs dis-

tances réciproques en coudées (dra) et en demi-coudées (shebr). Je vais rapporter quelques-unes de ces distances en substituant aux noms employés par le Souphi, les lettres Grecques qui sont aujourd'hui en usage.

Entre ζ et φ du cygne, 1 dra ; entre ζ et ν, 5 dras ; entre ν et γ, plus de 3 dras ; entre γ et α, 3 dras ; entre γ et η, 5 dras ; entre η et θ, 1 dra ½ ; entre ι et λ, 1 dra.

Entre ζ et ν de la lyre , environ 1 shebr ; entre σ et τ du cygne, 1 shebr ; entre η et ξ du cocher, plus de 1 shebr.

D'après ces données, je crois qu'on peut évaluer le dra à 2°, ce qui fait pour le shebr 1°, pour le fetr, 40' environ, pour le doigt, 5'. Ces évaluations sont conformes à celles qu'on trouvera dans Ebn Iounis.

(2) Le milieu à prendre, d'après ce passage, entre une coudée (2°) et un shebr (1°), est 1° 30'. C'est, à-peu-près le mouvement journalier de vénus par rapport à jupiter.

العشرين

اليوم السادس والعشـــرون من شباط وفيه صامت النصارا
ذلك اليوم وبينهما في راي الــعين ســقـدار نصف جــرم
القمر وها علي سطـح دايـرة الافق والمريخ جنوبي والشمس في
نصف النهار في الحوت يديه زحل زلد المريخ ط و قال ورايت
المــريخ وقلب الاسد ســتقرنين بينهما في راي العين اصبع
وارتفاعهما واحد وارتفاع منكب الجبار س درجة ليلة الاربعـا
غــرة المحرم سنة ٣٩٧ للهجرة قال علي بن عبد الرحمن بن
احمد بن يونس بن عبد الاعلي قد ذكرت صدرا من كسوفات
شمسية وقمرية شاهدها العلما الذيــن اسميتهم واضفتهـا
اليهم من لدن اصحـــاب المتمن الي بني اماجور واقترانات
للكواكب شاهدوهــا وذكروا وضعهـا وجدوه في وقت
اقترانها وانا ذاكر بعد ذلك ما شـــاهدته من كسوفات
شمسية وقمرية واقترانات للكواكب وكيف كانت صورتها
عند اقترانها ليستدل بها من احب الاستدلال بعـدي كما
استدللت واهتديت بمـــا شاهـــد من قبلي وبالله التوفيق

X

à midi, selon la table vérifiée, étoient, pour vénus, 2ˢ 24° 26', pour mercure, 2ˢ 22° 49', tous les deux directs; le soleil dans 2ˢ 0' 10". C'étoit le 3 d'ardbeheshtmah de l'an 271 d'Izdjerd (1).

(Conjonction de saturne et de mars le 28 février 903, ère vulgaire.)

J'ai vu, dit-il, saturne et mars en conjonction dans le verseau, le matin de la seconde férie, 26 du mois de rabi premier de l'an 290 de l'hégire, le 20, jour de bahram, du mois de bahmen de l'an 271 d'Izdjerd, le 28 de shebath (2), qui étoit jour de jeûne pour les Chrétiens : il y avoit entre les deux planètes, un demi-diamètre de la lune, à la vue. Ils étoient à l'horizon, mars au midi. Le lieu du soleil, à midi, 14° 15' des poissons; celui de saturne, 7° 34'; celui de mars, 9° 6'.

(Conjonction de mars et du cœur du lion le 19 septembre 909, ère vulgaire.)

J'ai vu, dit-il, mars en conjonction avec le cœur du lion : il y avoit entre eux un doigt, à la vue, leur hauteur étoit la même que celle de l'épaule d'Orion (3), 60°, la nuit de la quatrième férie, premier de moharram, l'an 297 de l'hégire.

Ali ebn Abdarrahman ebn Ahmed ebn Iounis ebn Abdalaala dit :

(1) Le 3 du mois ardbeheshtmah étoit une 4.ᵉ férie et non une 2.ᵉ : il faut lire le 8. Il paroît que dans l'ouvrage des Amajours, d'où ces observations sont tirées, cette date étoit exprimée dans les lettres numériques qui permettent de confondre aisément les nombres 3 et 8. On trouvera ci-après, *p. 168*, un autre exemple d'une erreur semblable.

(2) Il y a ici défaut de correspondance dans les dates : la férie, le jour du mois Persan, celui du mois Syrien s'accordent ensemble, ce qui me fait croire que la faute est dans le jour du mois Arabe, et qu'il faut lire le 28 de rabi premier, au lieu du 26, qui étoit la 7.ᵉ férie, et non la 2.ᵉ

(3) C'est l'épaule droite, selon les anciens, *α* dans Bayer.

كسوف شمسي كان صدر النهار يوم الخميس الثامن
والعشرين من شهر ربيع الاخر من سنة ٣٧٧ للهجرة ويوم
الخميس هذا هو الثاني والعشرون من اذرماه سنة ست
واربعين وثلاثماية ليزدجرد حضرنا بالقراءة في مسجد ابي
جعفر احمد بن نصر المغربي جماعة من اهل العلم لنظر
هذا الكسوف منهم هرون ابن محمد الجعفري وابو عبد الله
الحسين بن نصر المغربي وابو الحسين علي بن سهسن بخت
الفارسي وابو العباس احمد بن احمد الكربي وابو احمد
السماقي وابو عمر الوراق وهم من اهل العلم بغير صناعة
الاحكام وغيرهم من الناظرين ووافيت انا وابو القلم عبد الرحمن
بن عيسي بن طسان العداس وحسن بن الداراني وحميد
بن الحسين وانتظر الجماعة ابتدا هذا الكسوف وابتدا يظهر
للحس وارتفاع الشمس اكثر من يﮫ درجة واقل من يو واجتمع
راي الحاضرين علي ان الذي انكسف من قطر الشمس نحو
ثماني اصابع يكون ذلك في بسيط دايرتها اقل من سبع

J'ai rapporté plusieurs (1) éclipses de soleil et de lune, observées par les savans astronomes que j'ai nommés, depuis les auteurs de la table vérifiée jusqu'au fils d'Amajour; j'ai rapporté aussi plusieurs conjonctions de planètes qu'ils ont observées, et dont ils ont marqué les lieux; je vais maintenant exposer ce que j'ai moi-même observé; les éclipses de soleil et de lune, les conjonctions des planètes et leurs positions respectives dans le temps de la conjonction, afin que ceux qui voudront s'instruire après moi, puissent profiter de ces observations, comme j'ai moi-même profité de celles qui ont été faites avant moi.

(Éclipse de soleil observée au Caire, le 12 décembre 977, ère vulgaire.)

Éclipse de soleil arrivée dans la matinée de la cinquième férie, 28 de rabi second, l'an 367 de l'hégire. Cette cinquième férie étoit le 22 d'adermah de l'an 346 d'Izdjerd. Nous nous rendîmes, pour observer cette éclipse, plusieurs personnes instruites, à Carafa (2), dans la mosquée d'Aboujaafar almogrebi. Du nombre de ces personnes étoient Haroun ebn Mohammed Aljaafari, Abou Abdallah Alhosseïn ebn Nasr Almagrebi, Aboulhosseïn Ali ebn Meherbakth Alfaresi, Aboulabbas Ahmed ebn Ahmed Alkerji, Abou Ahmed Assemaki et Abou Omar Alwarrak. Ces personnes étoient instruites sans être versées dans la pratique de l'astronomie judiciaire. Plusieurs autres étoient aussi

---

(1) Dans la traduction de ce préambule, insérée dans les *Transactions philosophiques*, *année 1777*, *vol. LXVII*, le mot ‎ما صدر‎ qu'on lit ici dans le texte, est rendu par *imprimis*. On n'a pas fait attention à une des significations de ce mot marquée par Golius, *pars, partio*

rei. La préposition ‎من‎ qui suit ici immédiatement, ne permet pas de chercher d'autre sens.

(2) Lieu voisin du Caire, autrefois la sépulture ‎مقبرة‎ des habitans de Fostat, et où l'on voit encore beaucoup d'anciens tombeaux. *Voy.* ci-devant *p. 5.*

اصابع واستتم جلاوها وارتفاعها اكثر من لج درجة بنحو

ثلث درجة فيما قدرته انا من الارتفاع واجتمع علية الحاضرون

من تمام الانجلاء وكانت الشمس والقمر معا في هذا الكسوف

في نحو بعدهما الاقرب وبالله التوفيق ، كسوف شمسي كان هذا

الكسوف يوم السبت التاسع والعشرين من شوال سنة ٣٧٧

للهجرة ويوم السبت هذا هو اليوم التاسع من خردادماه من

سنة ٣٧٣ ليزدجرد وهو الثامن من حزيران سنة ١٢٨٠ للاسكندر

وهو الرابع عشر من بونه سنة ٦٩٩ لدقلطيانوس

وكان اكثر ما انكسف من قطر الشمس خمس اصابع

ونصفا علي حسب التحزي يكون من بسيط دايرتها اربع

اصابع وعشر دقايق وكان ارتفاع الشمس حين تبين من

كسوفها شي يدركه العيان نو درجة بالتقريب وكان تمام

انجلايها حين كان ارتفاعها كو درجة او نحوها وكانت

الشمس والقمر معا في هذا الكسوف في قريب من بعدهما

الابعد وبالله التوفيق ، كسوف قمري كان في شوال سنة ٣٧٨

venues pour voir l'éclipse. J'arrivai avec Aboulcassem Abdarrahman ebn Issa ebn Thassan (1) Aladdas, Hassan ebn Aldarani
et Hamid ebn Alhosseïn. Chacun attendoit le commencement
de l'éclipse ; elle parut sensible à la vue lorsque la hauteur
du soleil étoit entre 15 et 16 degrés. Tous ceux qui étoient
présens estimèrent la grandeur d'environ 8.^{d} du diamètre, ce qui
fait moins de 7.^{d} de la surface (2). Le soleil parut reprendre toute
sa clarté ; et je trouvai sa hauteur 33° 20′ environ, chacun
étant d'accord de la fin de l'éclipse. Le soleil et la lune étoient
tous les deux, dans cette éclipse, près de leur périgée.

(Éclipse de soleil observée au Caire le 8 juin 978, ère vulgaire.)
Éclipse de soleil, la septième férie, 29 de shoual, l'an 367
de l'hégire. Cette septième férie étoit le 19 de khordadmah
de l'an 347 d'Izdjerd, le 8 haziran de l'an 1289 d'Alexandre
et le 14 de bouneh de l'an 694 de Dioclétien. Grandeur de
l'éclipse estimée 5 doigts et demi du diamètre, qui répondent
à 4 doigts 10′ de la surface. Hauteur du soleil, lorsque l'éclipse
commença à être sensible aux yeux, 56° environ ; hauteur, à
la fin, 26° environ. Le soleil et la lune étoient tous les deux,
dans cette éclipse, près de leur apogée (3).

(1) On lit ailleurs *Thabyan* ou
Thabnan.

(2) Le savant Costard, qui n'a
pas connu cette ancienne manière de
considérer la grandeur des éclipses, a
proposé de la regarder comme une in-
terpolation faite d'après un auteur selon
lequel la grandeur de l'éclipse auroit
été différente. Cet exemple doit ap-
prendre à ne pas rejeter légèrement
tout ce qu'on n'entendroit pas d'abord
dans les astronomes orientaux.

(3) Le texte du manuscrit annonce
ici une éclipse de lune, qui n'est qu'un
double emploi et une erreur de copiste.
Le commencement, qui renferme les
dates de cette prétendue éclipse, est
pris, mot à mot, de l'éclipse de lune
suivante ; la fin, qui renferme la
grandeur sur le disque du soleil et les
hauteurs du soleil, et appartient par
conséquent à une éclipse de soleil, est
prise également, mot à mot, de l'éclipse
de soleil qui précède immédiatement.

للهجرة طلع القمر منكسفا في ليلة صباحها يوم الخميس
ويوم الخميس هذا هو كذا من ارد بهشت ماه سنة ٣٢٨ ليزدجرد وهو
يه من ايار سنة ١٢٩٤ لذي القرنين وهو ك من بشنس سنة ١٢٠٠
لدقلطيانوس وكان مقدار ما انكسف من قطره اكثر من
ثماني اصابع واقل من تسع وكان وقت طلوعه قريبا من
وقت المقابلة بالاصول التي احسب بها وانجلا والماضي من
الليل نحو ساعة معتدلة وخمس فيما قدرته وكان القمر في هذا
الكسوف في قريب من بعد الاوسط وبالله التوفيق ، كسوف
شمسي كان اصيلا يوم الاربعا كح من شوال سنة ٣٦٠
للهجرة وهو ح من خرداد ماه سنة ٣٤٨ ليزدجرد وهو
اليوم كح من اذار من سنة ١٢٩٣ للاسكندر وهو اليوم ج
من بوونه من سنة ١٢٩٤ لدقلطيانوس تبين الكسوف للحس
والارتفاع نحو و درج ونصف وكان مقدار ما انكسف من
قطر الشمس فيما قدرته نحوه اصابع ونصف يكون من
بسيط دايرتها دى وغابت الشمس منكسفة فقدرت الذي

(Éclipse de lune observée au Caire le 14 mai 979, ère vulgaire.)

Éclipse de lune dans le mois de shoual, l'an 368 de l'hégire. La lune se leva éclipsée la nuit d'avant la cinquième férie, qui étoit le 25 du mois d'ardbehesht de l'an 348 d'Izdjerd, 15 ayar de l'an 1290 d'Alexandre, 20 de bashnas de l'an 695 de Dioclétien. Grandeur de l'éclipse, plus de 8 doigts du diamètre, et moins de 9. Le moment du lever étoit voisin de celui de l'opposition, selon les bases d'après lesquelles je calcule. La fin de l'éclipse à une heure 12' de la nuit, heures égales. La lune, dans cette éclipse, étoit près de sa moyenne distance.

(Éclipse de soleil observée au Caire le 28 mai 979, ère vulgaire.)

Éclipse de soleil, dans l'après-midi de la quatrième férie, 23 de shoual (1) de l'an 368 de l'hégire, le 8 de khordadmah de l'an 348 d'Izdjerd, 28 ayar (2) de l'an 1290 d'Alexandre, 3 de bouneh de l'an 695 de Dioclétien. Hauteur du soleil lorsque l'éclipse fut sensible à la vue, 6° 30'; grandeur, 5 doigts$\frac{1}{2}$ du diamètre environ, correspondant à 4 doigts 10' de la surface. Le soleil se coucha éclipsé. La grandeur de cette éclipse de l'an 368, fin de shoual, fut la même, à l'œil, que la grandeur de l'éclipse du dernier shoual de l'année précédente 367 de l'hégire.

(Éclipse de lune observée au Caire le 7 novembre 979, ère vulgaire.)

Éclipse de lune, dans le mois de rabi second, l'an 369 de l'hégire, la nuit d'avant la sixième férie, 13 du mois. Ce jour étoit le 21 d'abanmah de l'an 348 d'Izdjerd, 7 de tishrin second de l'an 1291 d'Alexandre, 10 d'athor de l'an 696

---

(1) Il faut lire le 28 shoual pour la correspondance des dates : les nombres 3 et 8 exprimés par ces lettres se confondent aisément. *Voyez* ci-devant,

p. 162, note (1).

(2) Le Ms. porte *adar* (mars). Il est évident que c'est une méprise causée par la ressemblance des mots.

انكسف

أنكسف منها في هـــذا السنة اعني السنة اعني سنة ٣٩٨ للهجرة في
اخر شوال مساويا في العيان للذي أنكسف منهـا في اخر
شوال في السنة التي قبلها اعـــني سنة ٣٩٧ للهجرة وبالله
التوفيق ، كسوف قمري كان في شهر ربيع الاخر من سنة ٣٩٢
في ليلة صباحها يوم الجمعة الثالث عشر من الشهر وهو
كان من ابان ماه من سنة ٣٥٨ ليزدجرد وهو اليوم ٢ من تشرين
الثاني سنة ١٢٩٢ للاسكندر وهو اليوم ٢٤ من هتور من سنة ٢٩٢
لدقلطيانوس اجتمع جماعة من اهل العلم لرصد هذا الكسوف
فقدروا المنكسف من سطح دايرة القمري اصابـــع وكان
ارتفاعه مشرقا حين احسوا كسوفه ستّ درجة ونصفـا وكان
ارتفاعه مغربا حين استمر انجلاوه نحو ستة درجة وكان بعده
من مركز الارض في هذا الكسوف كبعثه من مركز الارض في
الكسوف الذي كان قبله في شوال سنة ٣٩٢ للهجرة ، كسوف
قمري أنكسف القمر كله في شوال سنه ٣٩٢ للهجرة وذلك
في ليلة صباحها يوم الثلاثا يدّ من أردبهشت ماه من سنة
٢

de Dioclétien. Plusieurs savans se réunirent pour observer cette éclipse. Grandeur, 10 doigts de la surface; hauteur, au commencement, 64° 30′ orient; hauteur, à la fin, 65° occident, environ. La distance au centre de la terre étoit la même, dans cette éclipse, que dans l'éclipse précédente du mois de shoual 368 de l'hégire.

(Éclipse totale de lune observée au Caire le 3 mai 980, ère vulgaire.)

Éclipse totale de lune dans le mois de shoual, l'an 369 de l'hégire, la nuit d'avant la troisième férie, 14 d'ardbeheshtmah de l'an 349 d'Izdjerd. Plusieurs savans se réunirent pour observer cette éclipse. Hauteur de la lune au commencement, 47° 40′; la fin, 36′ environ, heures égales, avant la fin de la nuit. Nous nous assemblâmes, pour cette observation, dans la mosquée d'Ebn Nasr, à Carafa.

(Éclipse de lune observée au Caire le 22 avril 981, ère vulgaire.)

Autre éclipse de lune dans le mois de shoual le l'an 370 de l'hégire, la nuit d'avant la sixième férie, 3 d'ardbeheshtmah de l'an 350 d'Izdjerd, qui étoit le 22 de nisan de l'an 1292 d'Alexandre, 27 de barmoudé 696 de Dioclétien. Nous nous assemblâmes, pour observer cette éclipse, à Carafa, dans la mosquée d'ebn Nasr Almagrebi. Hauteur de la lune au commencement, 21° environ; grandeur, le quart du diamètre environ; fin de l'éclipse, un quart d'heure environ avant le lever du soleil.

(Éclipse de lune observée au Caire le 15 octobre 981, ère vulgaire.)

Autre éclipse de lune dans le mois de rabi second de l'an

٣٩٩ ليزدجرد اجتمع لرصد هذا الكسوف جماعة من اهـل
العلم فادركوا اثر الكسوف وارتفاع القمر من درجة وثـلثان
وانجلي والباقي من الليل نحو ثلاثة اخماس ساعة معتدلة وكان
اجتماعنا لرصده في مسجد ابن نصر بالقرافة، كسوف اخر
قمري كان هذا الكسوف في شوال سنة ٣٧٠ للهجرة في ليلة
صباحهـــا يوم الجمعـــة الثالث من ارد بهشت ماه سنة ٣٥٠
ليزدجرد ويوم الجمعة هذا هو اليوم كب من نيسان سنة
١٢٩٢ للاسكندر وهو اليوم كز من برموده سنة ١٦٩٦ لدقلطيانوس
اجتمعنا لرصد هذا الكسوف بالقرافة في مسجد ابن نصر
المغربي فادركنا ابتدا الكسوف وارتفاع القمر كا درجة بالتقريب
وكان الذي انكسف من قطر القمر الربع بالتقـــريب واستتم
انجلاوه وقد بقي لطلوع الشمس نحو ربع ساعة، كسوف
اخر قمري انكسف القمر في شهـر ربيع الاخر من سنة ٣٧٣
للهجرة في ليلة صباحها يوم الاحد وكان مقدار ما انكسف من
قطره نحو خمس اصابع وكان ارتفاع القمر عند الملاسـة
Y ٢

371 de l'hégire, la nuit d'avant la première férie (1). Grandeur de l'éclipse, 5 doigts environ du diamètre; hauteur de la lune lors de l'attouchement par dehors, selon mon évaluation, 24°. Le temps de l'observation avança sur le calcul, d'environ 24′, heures égales.

(Éclipse totale de lune observée au Caire, le 1.ᵉʳ mars 983, ère vulgaire.)

Autre éclipse de lune dans le mois de ramadan de l'an 372 de l'hégire, la nuit d'avant la sixième férie, 15 de ce mois, dans le mois asfendarmed de l'an 351 d'Izdjerd. L'éclipse fut totale. Hauteur de la lune lorsque l'éclipse parut sensible, 66°; hauteur lorsque la lune eut repris sa clarté, 35° 50′; durée de l'éclipse totale, une heure environ. Le temps de l'observation avança sur le calcul, d'environ 40′, heures égales.

(Éclipse de soleil observée au Caire le 20 juillet 985, ère vulgaire.)

Éclipse de soleil dans l'après-midi de la seconde férie, dernier de safar de l'an 375 de l'hégire. Hauteur du soleil, au commencement de l'éclipse, 23° environ; hauteur à la fin, lorsque l'éclipse n'étoit plus sensible à la vue, 6°; grandeur de l'éclipse, un quart du diamètre.

(Éclipse de lune observée au Caire le 19 décembre 986, ère vulgaire.)

Éclipse de lune dans la nuit d'avant la première férie, 15 de shaaban de l'an 376 de l'hégire. Hauteur de la lune, au commencement de l'éclipse visible, 24° occident. J'ai évalué la hauteur au moment de l'attouchement, 50° 30′ (2); grandeur,

---

(1) Il y avoit ici, dans la copie envoyée autrefois de Leyde, une ligne entière omise.

(2) Le C.ᵉⁿ Bouvard, en donnant

50° 30′ (Hist. de la classe des sciences Mathém. et Physiques, t. II, p. 8), a voulu corriger apparemment cette hauteur, qu'il prend pour la hauteur au

من خارج علي ما قدرته كد درجة او نحوها وتقدم زمان العيان
علي زمان الحساب بنحو خمسي ساعة معتدلة، كسوف اخر
قمري كان في شهر رمـــضان سنة ٣٥٨ للهجـــرة في ليلة
صباحها يوم الجمعة الخامس عشر منه وفي اسفندار ماه من
سنة ٣٥٨ ليزدجرد وانكسف القمر كله وكان ارتفاعه حين تبين
كسوفه للحس سو درجة وكان ارتفاعه حين استتر انجلاوه له درجة
وزصفا وثلثا نحو ساعة مظلما كله وزاد زمانه بالرصد علي
الحساب قريبا من ثلثي ساعة معتدلة، كسوف شمسي كان
اصيلا يوم الاثنين اخر صفر سنة ٣٥٨ للهجـرة كان ارتفـــاع
الشمس حين ادركت كسوفها بالعيان كج درجة بالتقــــريب
وكان ارتفاعها حين لم يبن شي من كسوفهـــا يدركه العيان و
درجة واكثر ما انكسف من قطرها الربـع وبالله التوفيق،
كسوف قمري هذا الكسوف في ليلة صباحها يوم الاحد
يه من شعبان سنة ٣٥٨ للهجـرة تبين الكسوف وارتفاع القمر
كـد درجة غربي وقدرت المماسة كانت والارتفاع ن درجة

10 doigts du diamètre. La lune se coucha éclipsée. Cette observation fut faite dans la mosquée d'Abou Jaafar Ahmed ebn Nasr Almagrebi, à Carafa, en présence d'Abou Ahmed ebn Assem et d'Abdarrahman ebn Isa ebn Tabyan.

(Éclipse de lune observée au Caire le 12 avril 990, ère vulgaire.)

Éclipse de lune, dans la nuit d'avant la première férie, 16 de moharram de l'an 380 de l'hégire. Grandeur, 7 doigts ½ du diamètre, selon mon estime; la fin au lever du premier degré du verseau; hauteur de la lune, au commencement, je veux dire, au moment de l'attouchement, 38°.

(Éclipse de soleil observée au Caire le 20 août 993, ère vulgaire.)

Éclipse de soleil, dans la matinée de la première férie, 29 de joumadi second de l'an 383 de l'hégire, qui étoit le 6 de shahrirmah de l'an 362 d'Izdjerd, le 20 d'ab de l'an 1304 d'Alexandre, 27 de mesori de l'an 709 de Dioclétien. Hauteur du soleil, au commencement de l'éclipse, 27° orient; hauteur, au moment de la plus grande phase, 45° orient; (1) hauteur, à la fin, 60° orient; grandeur, ⅔ de la surface.

(Éclipse de lune observée au Caire le 5 septembre 1001, ère vulgaire.)

Éclipse de lune dans le mois de shoual de l'an 391 de l'hégire, au commencement de la nuit de la septième férie, 15 de shoual de l'an 391 de l'hégire, qui étoit le 25 de bahmenmah

moment de la plus grande phase; les expressions dont se sert l'astronome Arabe ne permettent pas cette supposition. *Voyez* l'éclipse suivante.

(1) L'expression ابتدأ pourroit faire croire qu'il s'agit ici de la fin de l'éclipse انتهى *ad finem pervenit, finitus* aut terminatus fuit (Golius). Pour reconnoître la circonstance indiquée par ce mot dans la description des éclipses, il faut s'attacher à la signification *ad summum pertigit terminum* qui se trouve sous la même racine.

ونصف وانكسف من قطره نحو عشر اصابع وكان الــرصد

في مسجد ابي جعفر احمـــد بن نصر المغربي بالقرافة

وحضر ابو احمد بن عاصم وعبد الــرحمن ابن عيسي بــن

طبيان وغاب القمر منكسفا، كســوف قمري كان في ليلة

صبيعتها يوم الاحد يوم من المحرم سنة ٣٨٠ للهجرة انكسف

من قطر القمر فيما حــــزرته سبع اصابع ونصف وانجــلا

والطالع اول الدلو وكان ارتفاعه حين ابتدا اريد وقت التماس

لح درجة وبالله التوفيق، كسوف شمسي كان ضحوة النهــار

يوم الاحد كط من جمــادا الاخــرة سنة ٣٧٥ للهجــرة وهو

السادس من شهرير ماه سنة ٣٧٥ ليزدجرد وهوك من آب سنة

١٣٠٥ للاسكندر وهو اليوم كز من مسري سنة ٧٠٠ لدقلطيانوس

ابتدا الكسوف وارتفاع الشمس شرقي كز درجة وانتهــــا

وارتفاعها مة درجة شرقي وانجلت وارتقاعهــا س درجــة

شرقي وكان النكســـف منها نحـــو الثلثين، كســوف

قمري كان في شوال سنة ٣٧٧ للهجــرة في اول ليلة السبت

de l'an 370 d'Izdjerd. La fin à 2 heures inégales, après le commencement de la nuit. J'ai vu, avant la fin de l'éclipse, la lune, qui paroissoit comme le croissant.

(Éclipse totale de lune observée au Caire le 1.ᵉʳ mars 1002, ère vulgaire.)

Éclipse de lune dans la nuit d'avant la seconde férie, 15 du mois de rabi second de l'an 392 de l'hégire, qui étoit le 17 d'asfendarmedmah de l'an 370 d'Izdjerd. L'éclipse fut totale avec demeure dans l'ombre. Hauteur d'arcturus, au commencement, 52° orient; hauteur de l'étoile *a* du cocher, 14° occident; hauteur d'arcturus, à la fin, 35° (1).

(1) La copie dont je me suis d'abord servi portoit 60° pour la hauteur d'arcturus au commencement. Le C.ᵉⁿ Bouvard m'avertit alors qu'il falloit environ 50°. Dans le manuscrit original on peut lire également 12° ou 52°, à cause de l'absence des points diacritiques. J'ai adopté 52° d'après le C.ᵉⁿ Bouvard. La hauteur d'arcturus, pour la fin, paroit aussi fautive. Le C.ᵉⁿ Bouvard croyoit qu'il falloit environ 75°; mais le manuscrit porte 35° sans aucune équivoque. Peut-être cette hauteur 35° s'accorderoit-elle avec la hauteur du commencement supposée 12°.

Ce ne sont pas les seules difficultés qui se rencontrent dans les circonstances de cette éclipse. Le passage qui renferme la hauteur 14° étoit tellement défiguré dans la copie envoyée autrefois de Leyde, que je n'en pouvois tirer un sens raisonnable. Le manuscrit original rend ce passage fort clair quant

aux mots, mais il n'est pas aisé de reconnoître à quelle étoile se rapporte cette hauteur. Son nom, qui se lit assez distinctement, الحادي [alhadi], ne se trouve ni dans le Catalogue des étoiles fixes d'Ulugh Beigh, ni même dans le Traité des constellations du Souphi, que j'ai lu en entier, et dont j'ai traduit une bonne partie. Par un hazard, peut-être assez heureux, je rencontre ce même mot حادي [hadi] dans le traité de Scaliger sur les noms Arabes de plusieurs étoiles, imprimé à la suite de ses notes sur Mantlius. حادي [hadi], selon ce savant, désigneroit l'étoile appelée communément *la chèvre*. En effet, le mot Arabe que Scaliger n'a pu entendre faute d'un bon dictionnaire qui manquoit alors, pourroit signifier la constellation du cocher, dont la plus belle étoile est la chèvre. حادي *hadi, agaso, qui asinas suas adducit* (Golius).

بد

يد ليلة خلت من شـــوال سنة ٣٥٥ ويوم السبت هوكذ من

بهمن ماه القديم سنة ٣٥٣ ليزدجرد وكان انجلاوه والماضي من

الليل نحو ساعتين ازمانية ورايت القمـــر قبل انجلايه وهو

كالهلال، كسوف قمري كان في ليلة صبيحتها يوم الاثنين

يه من شهر ربيع الاخر سنة ٣٧٤ للهجـــرة وهو اليوم السابع

عشر من اسفندارمذ ماه سنة ٣٧٣ ليزدجرد انكسف القمر كله

وكان له مكث وابتدا وارتفاع السماك الرامح شرقي يب درجة

وارتفاع الحادي غربي يد درجة والارتفاع لتمـــام الانجـلا من

الرامح له درجة، كسوف شمسي في الدلو كان هذا الكسوف

اصيلا يوم الاثنين كظ من شهر ربيع الاول سنة ٣٧٥ للهجـــرة

وهو اليوم كد من كانون الاخر سنة ٣٠٣٤ للاسكندر بن فيلبس

اليوناني وهو كح من طــــوبه سنة ٧٣٠ لدقلطيانوس وهوي من

بهمن ماه سنة ٣٧٣ ليزدجرد انكسفت الشمس حتي بقي منها

مثل الهلال اول ليلة من الشهر وقدرت المنكسف مهاياً

اصبعا وكان ارتفاع الشمس حين تبين فيها الكسوف يو درجة

(Éclipse de soleil observée au Caire le 24 janvier 1004, ère vulgaire.)

Éclipse de soleil dans le verseau, sur la fin de l'après-midi (1) de la seconde férie, 29 de rabi premier de l'an 394 de l'hégire, 24 de canoun second de l'an 1315 d'Alexandre fils de Philippe al Iounani [le Grec], 28 de tiby, 720 de Dioclétien, 10 de bahmenmah, 372 d'Izdjerd.

Le soleil fut éclipsé de manière que ce qui restoit de son disque ressembloit au croissant du premier jour du mois lunaire. Grandeur de l'éclipse, 11 doigts; hauteur du soleil, lorsque l'éclipse commença à paroître sur son disque, 16° 30′ occident.; commencement estimé à 18° 30′; hauteur, lorsque le quart du diamètre étoit éclipsé, 15°; hauteur, lorsque la moitié du diamètre fut éclipsée, 10°; hauteur, au moment de la plus grande phase, 5° (2).

CONJONCTIONS que j'ai observées.

(Conjonction de jupiter et de mars, observée au Caire le 10 mai 983, ère vulgaire.)

Conjonction de jupiter et de mars, la nuit d'avant la sixième férie, 22 d'ardbeheshtmah de l'an 352 d'Izdjerd. J'ai déterminé leur conjonction pour le commencement de la

---

(1) أمْيَلًا Du mot أصْل *imum cujus-que rei* est dérivé أميل la fin du jour, le temps depuis le milieu de l'après-midi jusqu'au coucher du soleil.

(2) Le C.^{en} Bouvard marque 5° 30′ (Hist. de la classe des Sciences mathémat. et physiq. tom. *II, pag. 9.*) J'avois pris, dans ma première traduc-tion, cette circonstance pour la fin de l'éclipse; j'avoue, avec plaisir, que ce sont les calculs du C.^{en} Bouvard qui m'ont fait apercevoir mon erreur. Ainsi les diverses branches de connoissances s'entr'aident mutuellement, et les com-munications franches et dégagées d'a-mour propre entre les personnes qui les cultivent, sont toujours utiles à la science.

ونصف غربيا فقدرت الابتدا علي ثماني عشرة درجة

ونصف وكان المنكسف من القطر نحو ربعه والارتفاع يه درجة

وكان المنكسف من القطر النصف والارتفاع يي درج واستتم

لانكساف والارتفاع ٥ درج وبالله التوفيق ، ذكر قرانات

شاهدتها منها قران للمشتري والمريخ في ليلة صباحها يوم

الجمعة كب اردبهشت ماه سنة ٣٠٥ ليزدجرد وقدرت

اجتماعها نحو العتمة وبينها في العرض في راي العين قدر

شبر وعان المريخ شماليا عن المشتري قد تقدم اجتماعها

بالعيان علي الحساب ، قران الزهرة وعطارد في السرطان

قدرتها اقترنا يوم الاثنين اول صفر سنة ٣٥٣ للهجرة ويوم

الاثنين هذا هو اليوم الخامس من تيرماه سنة ٣٥٥ ليزدجرد

وكان بينها في العرض نحو درجة وعطارد في جنوب الزهرة

واما قدرتها اقترنا غداة يوم الاثنين لاني رايتها ليلة الاثنين وكان

الاثر في نفسي انه قد بقي لعطارد الي ان يلحق بالزهرة قليل

ورايتها ليلة الثلاثا والاغلب في ظني ان عطاردا قد جاوز

Z 2

nuit (1). Il y avoit entre eux, en latitude, la valeur d'un shebr [un degré environ], à la vue. Mars étoit au nord de jupiter. Leur conjonction observée avança sur le calcul.

(Conjonction de vénus et de mercure, observée au Caire le 22 juin 985, ère vulgaire.)

Conjonction de vénus et de mercure dans le cancer, la seconde férie, premier de safar de l'an 375 de l'hégire, qui étoit le 5 de tirmah de l'an 354 d'Izdjerd. Leur distance, en latitude, environ 1°. Mercure étoit au midi de vénus. Leur conjonction dut arriver dans la matinée de cette seconde férie : en effet, je les vis ce même jour, et je remarquai que mercure avoit peu de chemin à faire pour atteindre vénus. Je les vis encore la troisième férie, et je crus apercevoir assez clairement que mercure avoit un peu dépassé vénus.

(Conjonction de vénus et du cœur du lion, observée au Caire le 17 juin 987, ère vulgaire.)

Conjonction de vénus et du cœur du lion, au couchant : elle dut arriver à 8ʰ, heures égales, après midi de la septième férie, 7 de safar (2) de l'an 377 de l'hégire, premier de tirmah de l'an 356 d'Izdjerd.

(Conjonction de jupiter et de mars, observée au Caire le 10 octobre 987, ère vulgaire.)

Conjonction de jupiter et de mars dans le sagittaire, la seconde

(1) Dans le texte عتمة *atama*. Le temps appelé *atama* commence à la nuit close, et comprend environ le tiers de la nuit. *Voyez* Golius. Ce temps succède à celui qu'on appelle العشا *al asha*, depuis le coucher du soleil jusqu'à la fin du crépuscule.

(2) Selon une note marginale, il faudroit lire le 4 de safar, صوابه الرابع

L'auteur de cette correction n'a fait attention qu'à la septième férie mentionnée ici, qui tomboit effectivement le 4 safar, et non le 7; mais par le jour du mois Persan, on voit qu'il faut lire le 17 safar. Le mot عشر *dix*, a été passé par le copiste. J'ai déjà remarqué ailleurs la même faute.

الزهرة بقليل ، قران للزهرة وقلب الاسد غربي قدرتـــها
اقترنا بعد نصف النهار يوم السبت بثماني ساعات معتدلات
ويوم السبت هو السابع من صفر سنة ٣٧٧ للهجرة وهو اول
تيرماه سنة ٣٥٥ ليزدجرد ، قران للمشتري والمريخ في القـــوس
اقترنا ليلة الاثنين يد من جمادا الاخرة سنة ٣٧٧ للهجرة وهو
كــم من مهرماه سنة ٣٥٥ ليزدجرد وهو اليوم ٦ من تشريــن
الاول سنة ١٢٩٢ للاسكندر وهو يب من بابه سنة ٦٩٣ لدقلطيانوس
وقدرتها تقترنان بالعيان بعد نصف النهار يوم الاحد بسبع
ساعات معتدلات ، قران لزحل والزهرة في اول الجدي رايت
الزهرة وزحلا من قبل طلوع الشمس يوم الجمعة بنحو نصف
ساعة وها متقرنان وبينهما في العرض نحو اصبع وكانت الزهرة
في شمال زحل والمشتري معها وقدرته متقدما لهما بدرجة
او نحـوها ويوم الجمعة هو كح من شهــر رمضان سنة ٣٧٧
للهجرة وهـــو اليوم الثاني من بهمن ماه القديم سنة ٣٥٥
ليزدجرد ، قران المشتري والمريخ ني الدلو رايت المشتري والمريخ

férie, 14 de joumadi second de l'an 377 de l'hégire, 25 de mehermah, l'an 356 d'Izdjerd, 10 de tishrin premier de l'an 1299 d'Alexandre, 12 de babé, 704 de Dioclétien. J'ai trouvé qu'ils étoient en conjonction, à la vue, à 7^h, heures égales, après midi de la première férie.

(Conjonction de saturne et de vénus, observée au Caire le 20 janvier 988, ère vulgaire.)

Conjonction de saturne et de vénus dans le premier degré du capricorne (1). J'ai vu vénus et saturne en conjonction le jour de la sixième férie, une demi-heure environ avant le lever du soléil. Il y avoit entre eux, en latitude, environ un doigt [5']. Vénus étoit au nord de saturne. Jupiter étoit près de ces deux planètes, et les précédoit d'environ 1°. Cette sixième férie étoit le 28 de ramadhan de l'an 377 de l'hégire, 2 de bahmenmah de l'an 356 d'Izdjerd.

(Conjonction de jupiter et de mars, observée au Caire le 15 décembre 989, ère vulgaire).

Conjonction de jupiter et de mars dans le verseau. Je les ai vus à une heure environ de la nuit : mars précédoit jupiter. Il y avoit entre eux l'intervalle d'un diamètre de la lune environ (2). Jupiter étoit justement sur sa route ; et j'ai estimé qu'il l'avoit éclipsé à midi de la première férie, qui étoit le 27 d'adermah de l'an 358 d'Izdjerd.

(1) *Ou bien, au commencement du* capricorne.

(2) Mot à mot *l'intervalle d'un corps,* c'est-à-dire, d'une lune. Nos anciens astronomes Putbach et Régiomontanus se servoient pareillement des expressions, *distans per unam lunam : non ultra diametrum lunæ : per duas lunas : secundum quantitatem diametri solis : in duabus diametris solaribus : quantitate solis geminati, &c.*

علي مقدار ساعة من الليل والمريخ امام المشتري وبينهما مقدار

جرم المشتري في طريقته سوا وقدرته انه قد كسفه نصف

النهار يوم الاحد وهو اليوم كخر من اذرماه سنة ٥٥٨

ليزدجرد ، قران للمريخ وقلب الاسد شرقي قال علي بن عبد

الرحمن بن احمد بن يونس بن عبد الاعلي رايت غداة يوم

الثلاثا المريخ وقلب الاسد وقدرت ان المريخ قد جاوز قلب

الاسد بيسير قدرتها اجتمعا نصف الليلة التي صباحها يوم

الثلاثا الرابع من جمادا الاخرة سنة ٣٧٨ للهجرة وهو ايضا

اليوم الرابع من مهرماه سنة ٣٥٥ ليزدجرد ، قران للزهرة

وقلب الاسد غربي رايت الزهرة وقلب الاسد مقترنين بعد

مغيب الشمس يوم الاثنين بساعة بالتقريب وكانت الزهرة

في شمال قلب الاسد بينهما في العرض شبر ساير وكنت قد

رصدتها قبل ذلك بايام فليس في نفسي شك بما رايت ويوم

الاثنين هو السادس والعشرون من شهر ربيع الاول سنة ٣٨٠

للهجرة وهو السابع من تير ماه سنة ٣٥٥ ليزدجرد ، قران للمريخ

(Conjonction de mars et du cœur du lion, observée au Caire le 18 septembre 988, ère vulgaire).

Conjonction de mars et du cœur du lion à l'orient. Ali ebn Abdarrahman ebn Ahmed ebn Iounis ebn Abd alaala dit : J'ai vu, le matin de la troisième férie, mars et le cœur du lion, et j'ai estimé que mars avoit déjà dépassé un peu l'étoile. J'ai estimé leur conjonction, à minuit de la nuit d'avant la troisième férie, qui étoit le 4 de joumadi second de l'an 378 de l'hégire, qui répond au 4 de mehermah de l'an 357 d'Izdjerd.

(Conjonction de vénus et du cœur du lion, observée au Caire le 22 juin 990, ère vulgaire.)

Conjonction de vénus et du cœur du lion à l'occident. Je les vis en conjonction la seconde férie, une heure environ après le coucher du soleil. Vénus étoit au nord de l'étoile. Il y avoit entre eux, en latitude, un shebr [environ 1°]. Je les observois depuis plusieurs jours, et je n'ai aucun doute sur la certitude de mon observation. Cette seconde férie étoit le 26 de rabi premier de l'an 380 de l'hégire, le 7 de tirmah de l'an 359 d'Izdjerd.

(Conjonction de mars et du cœur du lion, observée au Caire le 30 août 990, ère vulgaire.)

Conjonction de mars et du cœur du lion. Je les observai plusieurs jours de suite avant ce moment. Le jour de la sixième férie, avant le lever du soleil, ils approchoient beaucoup de la conjonction. Je les vis, la septième férie, une heure 20′ environ avant le lever du soleil, et ils étoient en conjonction. Mars étoit au midi du cœur du lion. Il y avoit entre eux, en latitude, moins d'un fetr, qui est quatre doigts ouverts [environ 40′]. Cette septième férie étoit le 6 de joumadi second de l'an 380 de l'hégire, le 2 de thot de l'an 707 de Dioclétien ; et le 15 de tirmah de l'an 359 d'Izdjerd.

وقلب

وقلب الاسد رصدتها قبل ذلك بايام كثيرة فرايتها قبل طلوع
الشمس يوم الجمعـــــة قـريبين من الاقتران جدا ورايتها يوم
السبت من قبل طلوع الشمس بساعة وثلث او نحو ذلك وها
مقترنان وكان المريخ في جنوب قلب الاسد وبينها في العرض
اقل من قتر يكون اربع اصابع مفتوحة ويوم السبت هو و
من جمـــادا الاخرا سنة ٣٤٨ للهجرة وهو اليوم الثاني من توت
سنة ٦٦٦ لدقلطيانوس وهو اليوم يَه من شهـــر تيرماه سنة ٣٣٥
ليزدجرد ، قران لزحل والمريخ في الدلو كان اقترانها علي حسب
ما تحـــزيته علي اني رصدتها ايامًا كثيرة قبل ذلك بعد نصف
النهار يوم الاحد باثني عشر ساعة معتدلة الي ثماني عشرة
ساعة ويوم الاحد هــويج من ابان ماه سنة ٣٥٠ ليزدحرد ويوم
الاحد المذكور هو اليوم الواحد والعشرون من شعبان سنة ٣٨١
للهجرة ، قران للزهرة وزحل رايتها مقترنين يوم الاربعـــا
ويوم الاربعا يج من شوال سنة ٣٨٥ للهجرة وكان بعـد نصف
النهار يوم الثلاثا بستة ســـاعات معتدلات بالتقريب وكان

(Conjonction de saturne et de mars, observée au Caire le 1.ᵉʳ novembre 991, ère vulgaire.)

Conjonction de saturne et de mars dans le verseau : elle arriva, comme je l'ai déterminée, les ayant observés plusieurs jours avant, depuis 12ʰ, heures égales, après midi de la première férie, jusqu'à 18ʰ. Cette première férie étoit le 13 d'abanmah de l'an 360 d'Izdjerd, le 21 de shaaban, 381 de l'hégire.

(Conjonction de vénus et de saturne, observée au Caire le 22 décembre 991, ère vulgaire.)

Conjonction de vénus et de saturne. Je les vis en conjonction la quatrième férie, 13 de shoual de l'an 381 de l'hégire, six heures égales environ après le midi de la troisième férie. Saturne étoit au nord de vénus. Leur différence en latitude, 1° ou un peu plus, selon mon estime; leur distance, un shebr et deux nœuds (1).

(Conjonction de vénus et du cœur du lion, observée au Caire le 16 septembre 992, ère vulgaire.)

Conjonction de vénus et du cœur du lion à l'orient. Je les vis en conjonction la nuit d'avant la septième férie, 17 de rajab de l'an 382 de l'hégire, qui étoit le 4 de mehermah de l'an 361 d'Izdjerd, une heure égale avant le lever du soleil. Vénus avoit déjà dépassé le cœur du lion, d'un tiers de degré environ; elle étoit au midi. Différence en latitude, un demi-degré environ.

(Conjonction de saturne et de mars, observée au Caire le 19 octobre 993, ère vulgaire.)

Conjonction de saturne et de mars dans le verseau. J'ai vu

(1) Je n'ai pas remarqué ailleurs cette subdivision de la coudée; je crois qu'elle diffère peu du doigt et peut correspondre à *uncia*, *pollex transversus* des Latins, *δάκτυλος μέγας* des Grecs, ¹⁄₁₅ de la coudée.

زحل في شمال الزهرة وبينهما في العرض درجة او اكثر
قليلا علي حسب ما تحزينته وكان بينهما شبر وعقدان ، قران
للزهرة وقلب الاسد شرقي رايت الـــــزهرة وقلب الاسد
مقترنين في ليلة صبيحتها يوم السبت يبزم رجب سنة ٣٨٢
للهجرة وهو الرابع من مهرماه سنة ٣٥٦ ليزدجرد قبل طلوع
الشمس بساعة معتدلة وقد جاوزت الـــزهرة قلب الاسد
بثلث درجــة او نحـــوه وهي في جنوب قلب الاسد بينها
في العرض نصف درجة بالتقريب ، قـران لزحل
والمريخ في الدلو رايت زحلا والمريخ مقترنين وقت العتمة
من ليلــة صبيحتهـــا يوم الجمعة الثاني من شهر
رمضان سنة ٣٧٣ للهجرة وكان الماضي الي وقت هذا القران
بعد نصف نهاريوم الخميس السادس من ابان ماه سنة ٣٦٦
ليزدجرد سبع ساعات معتدلات علي حسب ما تحزينته وكان
بعـــدها من الطالـــع ص درجــة بالتقريب وكانت الدايـرة
العظمي التي تمر بسمت الراس تمر بمركزيهما جميعا لاني توخيت

saturne et mars en conjonction au commencement de la nuit (1) d'avant la sixième férie, 2 du mois de ramadhân de l'an 383 de l'hégire, 7ʰ, heures égales, après midi de la cinquième férie, qui étoit le 6 d'abanmah de l'an 362 d'Izdjerd. Leur distance, au point ascendant, 90° environ. Le grand cercle qui passe par le zénit, passoit par les centres des deux planètes, comme je l'ai reconnu en regardant les deux planètes à-la-fois (2). Il y avoit entre elles, en latitude, quatre doigts ouverts, environ un demi-degré (3). Mars étoit au midi de saturne : je pouvois les considé-rer tout à loisir. Leur conjonction étoit arrivée, selon le calcul éprouvé, treize jours auparavant; ce qui est une erreur grossière.

(Conjonction de jupiter et de mars observée au Caire, le 31 mai 994, ère vulgaire.)

Conjonction de jupiter et de mars. Je les observai la nuit de la cinquième férie; et il s'en falloit encore un peu que mars n'eût atteint jupiter. Je les observai la nuit de la sixième férie, et je vis que mars avoit dépassé jupiter d'un sixième de degré. Je les observai ces deux jours-là 40′ environ, heures égales, après le coucher du soleil. Mars étoit au nord de jupiter. Leur différence en latitude à la vue étoit d'environ un shebr; ils étoient du côté du couchant. J'ai déterminé leur conjonction à midi de la cinquième férie, 18 du mois rabi second de l'an 384 de l'hégire.

(1) *Dans le temps* (appelé) *atama.* وقت العتمة *Voyez* ci-devant, p. 180, note (1). C'étoit environ une heure et demie après le coucher du soleil, comme il paroît par ce qui suit : 7ᵗ, *heures égales, après midi, de la cinquième férie.*

(2) *Voyez* pag. 192, note (1).

(3) Cette même mesure est appelée *fetr* (*p. 184*), et je l'ai estimée géné-ralement 40′. *Voyez* p. 160, note (1). L'auteur, il est vrai, ne l'estime que 30′ en cet endroit, et dans la conjonction du 7 janvier 1003; mais dans celle du 20 juin 995, il l'évalue 40 ou 45′, et dans celle du 16 septembre 1000, 40′.

النظر اليها في هذا المكان وكان بينهما في العرض مقدار
اربع اصابع مفتوحة قدرت ذلك نصف درجة او نحوها وكان
المريخ في جنوب زحل وتمكنت من النظر اليها وكانا قد اقترنا
بالمتحن قبل وقت القران بثلاثة عشر يوما وكان خطا قبيحا ،
قران للمشتري والمريخ رايتهما ليلة الخميس وقد بقي يسير للمريخ
حتى يلحق المشتري ورايتها ليلة الجمعة وقدرت المريخ قد
جاوز المشتري لسدس درجة وكان نظري اليها في كل
واحدة من الليلتين بعد مغيب الشمس بثلثي ساعة معتدلة
وكان المريخ في شمال المشتري وبينهما في راي العين في العرض
نحو شبر وكانا في جهة المغرب وقدرتها اقترنا نصف النهار
يوم الخميس الثامن عشر من شهر ربيع الاخره سنة للهجرة ،
قران للمشتري والمريخ في السرطان رايتها ليلة الخميس بعد
مغيب الشمس بنحو نصف ساعة معتدلة وكان قد
بقي للمريخ قليل حتى يلحق المشتري وكان المريخ
في شمال المشتري وهما جميعا في غربي دايرة نصف

(Conjonction de jupiter et de mars, observée au Caire le 1.er juin 994, ère vulgaire.)

Conjonction de jupiter et de mars dans le cancer. Je les observai la nuit de la cinquième férie, une demi-heure environ, heures égales, après le coucher du soleil. Mars avoit peu de chemin à faire pour atteindre jupiter, et étoit au nord de cette planète; ils étoient tous les deux au couchant par rapport au méridien. Je les observai le jour de la sixième férie; il me parut qu'ils étoient en conjonction. Il y avoit entre eux en latitude un shebr ou un peu plus, ce qui fait environ 1°. Cette sixième férie étoit le 19 de rabi second de l'an 384 de l'hégire, le 16 de khordadmah de l'an 263 d'Izdjerd.

(Conjonction de vénus et de mercure observée au Caire le 3 janvier 995, ère vulgaire.)

Conjonction de vénus et de mercure à l'occident. J'ai vu vénus et mercure la quatrième férie, après le coucher du soleil (1). Ils étoient éloignés d'un shebr environ [1°]. Vénus précédoit mercure. Hauteur de vénus 10°. Ils décrivoient la même route, et je crois que mercure éclipsa vénus lorsqu'il l'atteignit. Cette quatrième férie étoit le 28 de doulcaada de l'an 384 de l'hégire, 16 de deïmah de l'an 363 d'Izdjerd.

(Conjonction de jupiter et de vénus observée au Caire le 11 juin 995, ère vulgaire.)

Conjonction de jupiter et de vénus dans le lion. Elle arriva à 7ʰ d'après midi, heures égales, la troisième férie. 10 de joumadi premier de l'an 385 de l'hégire, 26 de khordadmah de l'an 364 d'Izdjerd. Ils étoient entre le méridien et le couchant,

---

(1) *Entre* (le temps appelé) *al asha* | والعَشاءِ *Voyez ci-devant*, pag. 180, et (celui appelé) *al atama,* بين العتشا | note (1).

النهار ورايتها ليلة الجمعة وعندي انها مقترنان والمريخ في

شمال المشتري وبينهما في العرض شبر او اكثر قليلا يكون

درجة او نحوها ويوم الجمعة يط من شهر ربيع الاخر سنة ٣٥٠

للهجرة وهو يوم من خرداداه القديم سنة ٣٣٣ ليزدجرد ،

قران للزهرة وعطارد غربي رايت الزهرة وعطاردا في ليلة

الاربعا بين العشا والعتمة وبينهما في راي العين شبر او نحوه

بالتقريب والزهرة هي المتقدمة لعطارد وهما في ناحية الغرب

وارتفاع الزهرة عشر درج بالتقريب وهما في طريق واحدة

واري ان عطارد حين لحق بالزهرة كسفها ويوم الاربعا هو

اليوم كح من ذي القعدة سنة ٣٥٠ للهجرة وهو اليوم يو من

ديماه ٣٣٣ ليزدجرد ، قران للمشتري والزهرة في الاسد اقترنا

بعد نصف النهار يوم الثلاثا تي من جمـادا الاولي سنة ٣٨٠

للهجرة بسبع ساعات معتدلات بالتقريب ويوم الثلاثا هوكو

من خرداداه القديم سنة ٣٦٣ ليزدجرد وكانا فيما بين الغرب

وداين نصف النهار وكانت الزهرة في شمال المشتري وبينها

vénus au nord de jupiter ; leur distance en latitude environ un
setr [40']. Le pole de l'écliptique étoit entre le méridien et
l'orient. Il étoit fort élevé, et vénus pour cette raison devoit
paroître au-dessus de jupiter dans le temps de la conjonction :
elle étoit effectivement plus élevée lorsque le grand cercle qui
passe par les poles de l'écliptique, parut passer par les centres
des deux planètes à-la-fois (1).

(*Conjonction de saturne et de mars observée au Caire le 11
juin 995, ère vulgaire.*)

Conjonction de saturne et de mars dans les poissons. Je les
observois pour saisir le moment de leur conjonction, et je les vis
dans cette position la nuit d'avant la troisième férie 10 de joumadi premier de l'an 385 de l'hégire, qui étoit le 26 de khordadmah de l'an 364 d'Izdjerd. Ils se levèrent à 7ʰ de la nuit.
Leur distance en latitude étoit d'un doigt [5'] (2) leur hauteur,
au moment de la conjonction, 6.° Je tiens cette observation

(1) On voit par ce passage, et par
celui de la page 188, dans lequel il est
question d'un vertical mobile, qu'Ebn
Iounis se servoit d'armilles semblables
à celles de Tycho et des astronomes
plus anciens.

(2) En évaluant le doigt 2' 30",
Riccioli, et plusieurs autres astronomes
après lui, ont confondu le doigt lunaire
1/12 du diamètre de la lune, avec le doigt
subdivision de la coudée. Ptolémée (*Almag.* l. XI, c. 7) rapporte une observation des Chaldéens, de l'an 519 de
Nabonassar, dans laquelle saturne étoit
deux doigts au-dessous de l'étoile qui
est à l'épaule australe de la vierge. Je
ne doute pas que le doigt n'ait eu à

peu-près la même valeur parmi les
astronomes Chaldéens et Arabes. Les
premiers observateurs modernes ont
bien distingué les deux espèces de
doigts, et l'on voit clairement, par un
passage de Waltherus, que le doigt subdivision de la coudée valoit plus de
2' 30". Selon cet auteur (*Observat.*
p. 55, verso), une distance moindre
que 3 doigts est évaluée à environ
la sixième partie d'un degré [10'] ;
trois doigts entiers, à 2' 30", ne seroient que 7' 30". *Voyez* Riccioli,
Astronom. réform. tom. I, pag. 289 ;
Cassini, *Élém. d'Astron. t. I, p. 398 ;*
Bailly, *Hist. de l'Astron. anc. pages*
152, 179, 389.

في

في العرض نحو فتر وكان قطب فلك البروج فيما بين المشرق
وداير نصف النهار وكان ارتفاعه كثيرا فلهذا كان ينبغي
ان ترا الزهرة مستعـلية علي المشتري في وقت
القـران وقد فعلت ذلك حتي تخيلت الدايـرة العظيمة
التي تمر بقطبي فلك البروج تمر بمركزيهما جميعا وبالله التوفيق ،
قران لزحل والمــريخ في الحوت رصدتـها مراعيا لاقترانهما
فاقترنا في ليلة صبيحتها يوم الثلاثاء العاشر من جمادا الاولي
سنة ۳۸۵ للهجرة وهـو اليوم كو من خردادماه سنة ۳۶۳ ليزدجرد
طلعا في الساعة السابعـة من الليل وبينها في العرض
مقدار اصبع وارتفاعها في وقت الروية و درج بهذا خبرني
من اثق به ولا اشك فيه ، قران للزهـرة وقلب الاسد اقترنا في
غربي داير نصف النهار وكان وقت القران بعد نصف النهار
يوم الثلاثاء يطا من جمــادي الاول سنة ۳۸۵ بسبع ساعات
معتدلات وثلثي بالتقريب وهو اليوم الثالث من تيرماه سنة
۳۶۳ ليزدجرد وكانت الزهرة في شمال قلب الاسد وبينها في

d'une personne en qui j'ai toute confiance, et je n'ai aucun doute sur son exactitude.

(Conjonction de vénus et du cœur du lion, observée au Caire le 18 juin 995, ère vulgaire.)

Conjonction de vénus et du cœur du lion. Elle arriva au couchant du méridien, à 7ʰ 40' environ, heures égales, après midi de la troisième férie 19 de joumadi premier de l'an 385 de l'hégire, qui étoit le 3 de tirmah de l'an 364 d'Izdjerd (1). Vénus étoit au nord du cœur du lion ; leur distance en latitude, deux tiers ou trois quarts de degré [40 ou 45'], environ un fetr [40'] à la vue. Vénus et le cœur du lion étoient, au moment de la conjonction, dans le milieu entre le méridien et le point descendant : le pôle de l'écliptique entre le point ascendant et le méridien, fort élevé. Je n'ai déterminé leur conjonction que lorsque j'ai imaginé que le grand cercle qui passe par les pôles de l'écliptique, passoit par les centres des deux planètes à-la-fois.

(Conjonction de jupiter et de vénus, observée au Caire le 11 juin 995, ère vulgaire.)

Conjonction de jupiter et de vénus, la nuit d'avant la troisième férie 10 de joumadi premier de l'an 385 de l'hégire, 26 de khordadmah de l'an 364 d'Izdjerd. Jupiter étoit au midi de vénus, leur distance en latitude environ un fetr [40']. Je les observai la nuit de la quatrième férie. Vénus avoit déjà passé jupiter sensiblement. Leur conjonction devoit arriver, selon la

---

(1) Cette observation est postérieure de 7 jours à la précédente, selon le calcul Persan avec lequel s'accorde le jour de la férie : elle seroit de 9 jours postérieure selon le calcul Arabe, et la férie ne pourroit être la même dans les deux observations. Il faut absolu- ment lire le 17 joumadi premier au lieu du 19. Cette date étoit vraisem- blablement écrite en toutes lettres dans le manuscrit de l'auteur. Les mots *sbaa* [سبع] sept et *tsaa* [تسع] neuf, se confondent lorsque les points diacri- tiques sont omis ou mal placés.

العرض نحو ثلثي درجة او ثلاثة ارباع درجة وكان نحو
فتر في راي العين وكان هذا القران والزهرة وقلب الاسد في
الوسط بين الغارب ودايرة وسط السما بالتقريب وكان قطب
فلك البروج فيما بين الطالع ودايرة وسط السما وكان ارتفاعه
كثيرا ولم اعمل علي اقترانها حتي تخيلت ان الدايرة العظمي
التي تمس بقطبي فلك البروج تمر بمركزيها جميعا وبالله
التوفيق ، قران للمشتري والزهرة كان اقترانها في الليلة التي
صبيحتها يوم الثلاثا ٤ من جمادا الاولي سنة ٣٥٥ للهجرة وهو
اليوم ٢٠ من خرداذماه سنة ٣٥٥ ليزدجرد وكان المشتري في
جنوب الزهرة وكان بينها في العرض نحو فتر ورايتهما ليلة
الاربعا وقد جاوزت الزهرة المشتري جوازا بيّنا وكان اقترانها
بالممتحن غداة يوم الخميس ٢٥ من جمادا من هذه السنة ، قران
للمشتري والزهرة في السنبلة رصدتها مراعيا لاقترانها اياما
كثيرة من قبل ان يقترنا ولم ازل كذلك الي ان اقترنا بعــد
مغيب الشمس بنحو نصف ساعة من ليلة صبيحتهـا يوم

table vérifiée, le matin de la cinquième férie 12 du même mois de joumadi.

(Conjonction de jupiter et de vénus, observée au Caire le 8 août 996, ère vulgaire.)

Conjonction de jupiter et de vénus dans la vierge. Je les observai assidument plusieurs jours auparavant, jusqu'à ce qu'enfin je les vis en conjonction une demi-heure environ après le coucher du soleil, la nuit d'avant la première férie 22 de rajab de l'an 386 de l'hégire, 2 de tirmah de l'an 365 d'Izdjerd. Vénus étoit au nord de jupiter, qui sembloit la toucher (1). J'ai évalué leur distance en latitude 5′ environ (2).

(Conjonction de vénus et de saturne, observée au Caire le 24 mai 997, ère vulgaire.)

Conjonction de vénus et de saturne dans le belier. Vénus éclipsa saturne d'une manière non douteuse, ⅔ d'heure [40′] environ, heures égales, avant le lever du soleil, la seconde férie 14 de joumadi second (3) de l'an 387 de l'hégire. La conjonction eut lieu en latitude comme en longitude. Cette seconde férie étoit le 9 de khordadmah de l'an 366 d'Izdjerd.

(Conjonction de mars et du cœur du lion, observée au Caire le 14 juin 998, ère vulgaire.)

Conjonction de mars et du cœur du lion. Je les observai plusieurs jours avant ; ils parurent la troisième férie près de leur conjonction. Mars étoit au nord du cœur du lion ; leur

---

(1) On avoit laissé ici en blanc, dans la copie envoyée autrefois de Leyde, les mots ﻝﻤﺲ *[il la touchoit presque]*, que je crois avoir réussi à déchiffrer.

(2) C'est ce même intervalle que l'auteur désigne ordinairement par le mot *doigt*, selon mon évaluation.

(3) Le 14 joumadi second de l'an 387 de l'hégire étoit une quatrième férie et non une seconde. En comparant cette date avec la date Persane rapportée ensuite, qui s'accorde bien avec la férie, on voit qu'il faut lire joumadi premier au lieu de joumadi second.

الاحد كب من رجب سنة سنة ﺳ للهجرة وهو اليوم الثاني من
شهر تيرماه القديم سنة سمم ليزدجرد وكانت الزهرة في شمال
المشتري قد كاد يماسها وقدرت بينهما في العرض نحو خمس
دقايق او نحوها ، قران للزهرة وزحل في الحمل كسفت
الزهرة زحلا كسوفا لا شك فيه من قبل طلوع الشمس يوم
الاثنين بنحو ثلثي ساعة معتدلة وذلك يد ليلة خلت من
جمـــادا الاخرة سنة سمم للهجرة وهـــذا قران بالطول
والعرض ويوم الاثنين هو طـ من خردادماه القـــديم سنة سمم
ليزدجرد ، قران للمريخ وقلب الاسد رصدتهما قبل القران بايام
كثيرة فكانا في ليلة الثلاثا قريبين من القران وكان المريخ
في شمـــال قلب الاسد بينهما في العرض نحـــو شبر في راي
العين ولم ازل اتبعها نظري الي ان غربا ورايتهما ليلة الاربعا بعد
غروب الشمس بساعة مرات وعندي ان المريخ قد جاوز قلب
الاسد وذلك بعد ان تحريت الدايرة التي تمر بمركزيهما ويقطبي
فلك البروج وكان قطب فلك البروج في شرقي دايرة نصف

distance en latitude environ un shebr [1°] à la vue. Je ne cessai de
les observer attentivement jusqu'à leur coucher. Je les observai
encore le lendemain, jour de la quatrième férie, une heure
après le coucher du soleil. Mars me parut alors avoir déjà passé
le cœur du lion, et cela après que j'eus dirigé convenablement
le cercle qui devoit passer par les centres des deux planètes et
par les pôles de l'écliptique (1). Le pôle de l'écliptique étoit à
l'orient du méridien. Cette troisième férie étoit le 16 de joumadi
second de l'an 388 de l'hégire, le dernier de khordadmah de
l'an 367 d'Izdjerd.

*(Conjonction de vénus et du cœur du lion, observée au Caire
le 23 juin 998, ère vulgaire.)*

Conjonction de vénus et du cœur du lion. Je l'observai une
heure environ après le coucher du soleil, 8ʰ, heures égales,
après midi, la nuit d'avant la sixième férie 26 de joumadi
second de l'an 388 de l'hégire, 10 de tirmah de l'an 367
d'Izdjerd. Vénus étoit au nord de l'étoile, éloignée d'elle d'un
degré environ en latitude.

*(Conjonction de mars et de vénus, observée au Caire le 4 juin
998, ère vulgaire.)*

Conjonction de mars et de vénus. Je les vis en conjonction (2)
au commencement de la nuit de la troisième férie, à 8ʰ environ,
heures égales, après midi de la seconde férie. Il y avoit entre
eux environ un doigt [5'] à l'œil, ou un peu moins. V nus
étoit au nord de mars, et plus élevée que lui sur l'horizon. ' ₂
grand cercle passant par les pôles de l'écliptique et par vénus,
me fit voir qu'elle avoit déjà passé mars d'un quart de degré ou

---

(1) *Voy.* ci-devant, *p. 192, note* (1).

(2) مقترنين *[en conjonction]*. Il paroît que ce mot n'est pas toujours pris
dans une signification rigoureuse parmi

les astronomes Arabes. Les deux planètes avoient passé la conjonction,
comme on le voit par ce qui suit.

النهار ويوم الثلاثا هو السادس عشر من جمادا الاخرة سنة

٣٨٨ للهجرة وهو اخر خرداذماه سنة ٣٦٧ ليزدجرد ، قران للزهرة

وقلب الاسد رايتهما مقترنين بعد مغيب الشمس بنحو ساعة

والماضي من نصف النهار الي وقت القران ثمان ساعات

معتدلات بالتقريب من ليلة صبيحتها يوم الجمعة كو

من جمادا الاخرة سنة ٣٨٨ للهجرة وهو تي من تيرماه القديم

سنة ٣٦٧ ليزدجرد وكانت الزهرة في شماله عرضها نحو درجة

عنه ، قران للمريخ والزهرة رايت الزهرة والمريخ مقترنين في

اول ليلة الثلاثا وكان بعد نصف النهار يوم الاثنين بثماني

ساعات معتدلات بالتقريب وبينهما في راي العين نحو اصبع

او اقل والزهرة في شمال المريخ وهي مستعلية عليه وتخيلت

الداينة التي تمر بقطبي فلك البروج وبالزهرة وكانت الزهرة

قد جاوزت المريخ بربع درجة او نحوه ويوم الاثنين المذكور هو

السابع من رجب سنة ٣٨٨ للهجرة وهو اليوم ك من تيرماه

القديم سنة ٣٦٧ ليزدجرد ، قران للزهرة والمريخ في الحوت

environ [15′]. Cette seconde férie étoit le 7 rajab de l'an 388 de l'hégire, 20 de tirmah de l'an 367 d'Izdjerd.

(Conjonction de vénus et de mars, observée au Caire le 9 avril 999, ère vulgaire.)

Conjonction de vénus et de mars dans le signe des poissons. J'ai observé vénus sur la fin de la nuit d'avant le jour de la seconde férie, 16ʰ 30′ (1), heures égales, après midi de la première férie, 20 du mois de rabi second de l'an 389 de l'hégire. Elle étoit avec mars à l'orient, le précédoit d'environ 1°, et décrivoit la même route (2). Leur hauteur au-dessus de l'horizon étoit peu considérable. Cette première férie étoit le 24 de ferverdinmah de l'an 368 d'Izdjerd.

(Conjonction de mercure et de vénus, observée au Caire le 19 mai 1000, ère vulgaire.)

Conjonction de mercure et de vénus dans le signe des gémeaux, à l'occident, après le coucher du soleil dans la nuit d'avant la seconde férie 13 de joumadi second de l'an 390 de l'hégire, 8ʰ environ, heures égales, après midi de la première férie, qui étoit le 5 de khordadmah de l'an 369 d'Izdjerd. Mercure étoit au nord de vénus. Leur différence en latitude, un tiers de degré [20′]; différence en longitude, selon la table vérifiée, 4° 30′ (3).

(1) Selon la copie envoyée autrefois de Leyde, il faudroit traduire 6ʰ; mais l'auteur de cette copie n'a pas pris garde au mot عشر *[dix]*, omis d'abord, et placé ensuite au-dessus de la ligne dans le manuscrit original.

(2) Littéralement : elle étoit dans son chemin رمي في طربته

(3) Notre auteur a déjà fait remarquer dans ses observations (ci-devant *pages 188 et 194*), et fera encore remarquer plus d'une fois par la suite, les erreurs de la table vérifiée dressée sous le calife Almamoun. Cette table abandonnée en Égypte peu après la publication des tables Hakémites, fut en usage encore, pendant long-temps, en Syrie et dans les provinces dépendantes des califes de Bagdad. *Voy. ci-devant* p. 4, note sur l'observatoire du Caire.

رايت

رايت الزهرة في اخر الليلة التي صبيحتها يوم الاثنين وذلك

بعد نصف النهار يوم الاحد كـ من شهر ربيع الاخر سنة

٣٨٠ للهجرة بست عشرة ساعة معتدلة ونصف الزهرة

والمريخ في المشرق والزهرة متقدمة للمريخ بمقدار درجة وهي

في طريقته فارتفاعهما قليل ويوم الاحد هوكـ من فروردين ماه

القديم سنة ٣٥٩ ليزدجرد ، قران للزهرة وعطارد في الحوزا

في الغرب اقترنا بعد المغيب من ليلة صباحها يوم الاثنين

يـج من جمادي الاخرة سنة ٣٩٠ للهجرة وذلك بعد نصف

النهار يوم الاحد بثماني ساعات معتدلة بالتقريب وهو الخامس

من خرداذماه سنة ٣٥٩ ليزدجرد وكان عطارد في شمال الزهرة

وبينها في العرض مقدار ثلث درجة وكان بينها بالمتحن

اربع درج ونصف في الطول ، قران للزهرة وقلب الاسد

شرقي اقترنا بعد طلوع الشمس بساعة معتدلة من يوم

الاثنين يـد من شوال سنة ٣٥٠ للهجرة وهو اليوم الخامس من

مهرماه سنة ٣٥٩ ليزدجرد وكان هذا القران بعد نصف النهار

(Conjonction de vénus et du cœur du lion, observée au Caire le 16 septembre 1000, ère vulgaire.)

Conjonction de vénus et du cœur du lion à l'orient. Vénus et le cœur du lion étoient tout près de la conjonction (1) une heure, heures égales, avant (2) le lever du soleil, la seconde férie 14 du mois shoual de l'an 390 de l'hégire, 5 de mehermah de l'an 369 d'Izdjerd, 17^h, heures égales, après midi de la première férie, et 7^h avant midi de la seconde férie. Vénus étoit au midi du cœur du lion. Leur distance en latitude étoit d'environ un feir, évalué 40′. Vénus étoit un peu plus élevée que l'étoile, ce qui montroit qu'il lui restoit encore un peu de chemin à faire pour l'atteindre. Le pôle de l'écliptique étoit entre le nord et le couchant. Ils étoient, au moment de la conjonction, au point milieu entre le point ascendant et le méridien (3). Je les observai attentivement pendant plusieurs jours de suite avant leur conjonction, jusqu'à ce qu'elle arriva dans le temps que je viens de marquer.

(Conjonction de vénus et de mercure, observée au Caire le 2 juin 1001, ère vulgaire.)

Conjonction de vénus et de mercure dans le cancer. Je les aperçus une heure, heures égales, environ, après le coucher du soleil. Vénus étoit au nord de mercure, un peu au-dessous de lui. Mercure étoit très-difficile à apercevoir. J'ai déterminé leur

_____

(1) اقترنا *[Ils étoient tous les deux en conjonction].* J'ai déjà fait remarquer, pag. 198, note (2), que l'expression Arabe qu'on lit ici s'emploie, non-seulement lorsque les corps célestes sont en conjonction, mais même lorsqu'ils en sont près.

(2) Il y a dans le texte, une heure après le lever du soleil. Il paroît que

c'est une faute, et qu'on doit lire *avant*, comme j'ai mis dans la traduction. Au 16 septembre, ère vulgaire, époque de l'observation, une heure après le lever du soleil, seroit 19^h et non 17 après le midi précédent, 5^h et non 7 avant le midi suivant.

(3) داٸر وسط السما *[le cercle du milieu du ciel].*

يوم الاحد بسبع عشرة ساعة معتدلة وقبل نصف النهار يوم

الاثنين بسبع ساعات وكانت الزهرة في جنوب قلب الاسد

وبينهما في العرض نحو قترقدرته ثلثي درجة وكانت مستعلية

عليه قليلا جدا يدل علي انه قد بقي لها يسير حتي يلحق

به وكان قطب فلك البروج فيما بين الشمال والمغرب وكانا وقت

القران في الوسط بين الطالع ودايرة وسط السما بالتقريب

وكانت مراعاتي لها قبل اقترانها بايام الي ان اقترنا في الوقت

الذي ذكرت وبالله التوفيق ، قران للـزهرة وعطـارد في

السـرطان كان نظري اليها بعـد المغيب بنحو سـاعـة

معتدلة وكانت الزهـرة في شمـال عطارد منخفـضة عنه

يسيرا وكان عطارد خفيا جدا وقدرت اقترانها نصف الليلة

التي صبيحتها يوم الاثنين السابع من رجب سنة ٣٩٢ وهو

التاسع من خرداذماه سنة ٣٧٠ ليزدجرد ، قران للزهرة وقـلب

الاسد رايتها بعد مغيب الشمس يوم السبت بنحو سـاعـة

والزهرة في شمال قلب الاسد وبينهما في العرض نحو درجـة

conjonction à minuit de la nuit d'avant la seconde férie 7 de rajab de l'an 391 de l'hégire, 9 de khordadmah de l'an 370 d'Izdjerd.

(Conjonction de vénus et du cœur du lion, observée au Caire le 7 juillet 1001, ère vulgaire.)

Conjonction de vénus et du cœur du lion. Je les observai la septième férie, une heure environ après le coucher du soleil. Vénus étoit au nord de l'étoile. Il y avoit entre elles en latitude environ 1°. Il restoit encore à vénus un petit intervalle à parcourir jusqu'au cœur du lion. J'ai déterminé leur conjonction dans la nuit d'avant la première férie 23 de tirmah de l'an 370 d'Izdjerd 10 de shaaban (1), de l'an 391 de l'hégire.

(Conjonction de saturne et de mars, observée au Caire le 19 juillet 1001, ère vulgaire.)

Conjonction de saturne et de mars dans les gémeaux. Elle arriva, comme je l'ai déterminée, à midi de la septième férie 25 de shaaban de l'an 391 de l'hégire, le 6 de Mordadmah de l'an 370 d'Izdjerd. Mars étoit au nord de saturne. Il y avoit entre eux 1° environ en latitude. Je ne cessai de les observer le matin plusieurs jours de suite, jusqu'à ce que j'eusse déterminé leur conjonction au jour que je viens de marquer.

(Conjonction de mars et du cœur du lion, observée au Caire le 14 mars 1002, ère vulgaire.)

Conjonction de mars et du cœur du lion. Je les observai au commencement de la nuit (2) d'avant la première férie, qui

(1) On doit lire le 12 shaaban, selon une note marginale. صرابه باى مش Il semble qu'il faudroit plutôt le 13, en supposant qu'il n'y ait pas d'erreur dans la date Persane qui donne le 7 juillet, tandis que le 10 shaaban ne donne que le 4. La différence des deux dates est de 3 jours.

(2) Deux heures environ après le coucher du soleil, comme il paroît par ce qui suit.

وقدرت انه قد بقي للزهرة الي ان تلحق بقلب الاسد مقدار

يسير فعملت علي اقترانهما في الليلة التي صبيحتها يوم الاحد

كج من تيرماه سنة ٢٥٠ ليزدجرد وهو اليوم يّ من شعبان سنة

٣٩٥ للهجـرة ، قران لزحل والمريخ في الجوزا كان اقتران.هما علي

حسب ما تحـريته نصف النهـار يوم السبت الخامس

والعشرين من شعبان سنة ٣٩٥ للهجـرة ويوم السبت هو

السادس من مرداذماه سنة ٢٥٠ ليزدجرد وكان المريخ في شمال

زحل بينهما في العرض نحو درجة فلم ازل انظـر اليها غداة

بعد غداة الي ان عملت علي ان اقترانــهما كان يوم السبت

الذي قدمت ذكـن وبالله التوفين ، قران للمـريخ وقلب

الاسد رانتهما وقت العــتمة في ليلة صبيحتهـا يوم الاحد

اخر اسفندرمذ ماه سنة ٢٥٠ ليزدجرد وهو اليوم كج من شهــس

ربيع الاخر سنة ٣٩٥ للهجـن والمريخ متقدم لقلب الاسد بنحو

درجتين وعرضه عن قلب الاسد وذلك بعد نصف النهـار

يوم السبت بثماني ساعات معتدلات المريخ بالممتحن في قريب

étoit le dernier d'asfendarmedmah de l'an 370 d'Izdjerd, le 28 du mois de rabi second de l'an 392 de l'hégire. Mars précédoit le cœur du lion d'environ 2° (1). Son éloignement de l'étoile en latitude (2)..... et ce à 8ʰ, heures égales, après midi de la septième férie. Mars, selon la table vérifiée, alloit bientôt cesser d'être rétrograde, et devoit être direct le 9 de ferverdinmah 371 d'Izdjerd.

(Conjonction de mars et du cœur du lion, observée au Caire le 21 mars 1002, ère vulgaire.)

Conjonction de mars et du cœur du lion à l'occident. Je les observai à 7ʰ, heures égales, environ, après midi de la septième férie. Mars étoit au nord du cœur du lion. Leur différence en latitude environ 30°. Cette septième férie étoit le 5 de joumadi premier de l'an 392 de l'hégire, le 6 de ferverdinmah de l'an 371 d'Izdjerd. Mars étoit rétrograde, et devoit être direct le jour de la troisième férie.

(Conjonction de jupiter et de vénus, observée au Caire le 18 avril 1002, ère vulgaire.)

Conjonction de jupiter et de vénus dans les poissons. Je les observai la septième férie, 1ʰ 30′ environ, heures égales, avant le lever du soleil. Vénus étoit encore éloignée de jupiter d'un cinquième de degré [12′]. Elle décrivoit la même route et alloit directement sur lui. J'ai déterminé leur conjonction à 2ʰ, heures égales, avant midi de la septième férie, 2 de joumadi second de l'an 392 de l'hégire, 3 d'ardbeheshtmah de l'an 371 d'Izdjerd. La conjonction eut lieu en longitude et en latitude.

(1) Comment cette planète étoit-elle en conjonction avec le cœur du lion, puisqu'elle étoit plus occidentale de deux degrés ! Voyez *page 202,* note (1), et *page 198,* note (2).

(2) Le nombre qui exprimoit la différence en latitude a été vraisemblablement omis par le copiste.

من اخر الرجوع يستقيم في اليوم التاسع من افرورديسـن ماه

سنة ٣٦٢ ليزدجرد ، قران للمريخ وقلب الاسد غربي رايتهما بعد

نصف النهار يوم السبت بسبع ساعات معتدلات بالتقريب

والمريخ في شمال قلب الاسد بينهما في العرض نحـو نصف

درجة ويوم السبت هو الخامس من جمـادي الاولي سنة ٣٩٢

للهجرة وهو السادس من افرورديـن ماه سنة ٣٦٢ ليزدجرد والمريخ

راجع يستقيم يوم الثلاثا ، قران للمشتري والزهرة في الحوت

رايتهما يوم السبت قبل طلوع الشمس بنحو ساعـة معـتدلة

ونصف وقد بقي للزهرة حتي تلحق المشتري نحـو خمس

درجة والزهرة في طـريق المشتري سوا ذاهبة اليه وقدرت

اجتماعــهـا قبل نصف النهـار يوم السبت بساعتين

معتدلتين ويوم السبت هو الثاني من جمـادا الاخرة من سنة

٣٩٢ للهجـرة وهو الثالث من اردبهشت ماه سنة ٣٦٢ ليزدجرد

وهذا قران بالطول والعرض ، قران للزهـرة وزحل في

السرطان شرقي اقترنا علي حسب ما تحريته فيها بعد نصف

(Conjonction de vénus et de saturne, observée au Caire le 14 juillet 1002, ère vulgaire.)

Conjonction de vénus et de saturne dans le cancer à l'orient. Elle arriva, comme je l'ai trouvé pour les deux planètes, 8^h environ, heures égales, après midi de la troisième férie, 2 de ramadhan de l'an 392 de l'hégire. En effet, je les observai la troisième férie, une heure et quelque chose avant le lever du soleil. Vénus n'avoit pas encore atteint saturne. Je les observai la quatrième férie à la même heure; et déjà elle l'avoit un peu dépassé, et étoit plus orientale d'environ un tiers de degré [20′.] Cette troisième férie étoit le premier d'adermah de l'an 371 d'Izdjerd.

(Conjonction de vénus et de mars, observée au Caire le 7 janvier 1003, ère vulgaire.)

Conjonction de vénus et de mars dans le verseau à l'occident. Lorsque je les observai, il y avoit entre eux en latitude un fetr, environ un demi-degré [30′]. Vénus étoit au midi de mars, et un peu plus élevée que lui. J'estimai qu'elle l'avoit passé d'environ un demi-degré [30′], et je déterminai leur conjonction à 12^h, heures égales, après midi de la cinquième férie, 1 de rabi premier de l'an 393 de l'hégire, 23 de deïmah de l'an 371 d'Izdjerd.

(Conjonction de jupiter et de vénus, observée au Caire le 18 février 1003, ère vulgaire.)

Conjonction de jupiter et de vénus dans le premier degré du belier (1), à l'occident. Je les observai un tiers d'heure [20′] environ après le coucher du soleil, la cinquième férie. Jupiter précédoit vénus d'environ un tiers de degré [20′], et étoit un peu

(١) في اول الحمل *[Au commencement du belier].*

النهار

النهار يوم الثلاثاء الثاني من شهــــر رمضان من سنة ٣٩٢

للهجرة بثماني ساعات معتدلات بالتقـريب لاني رايتها قبل

طلوع الشمس يوم الثلاثاء بنحو ســاعة وشي ولم تلحـــق

الزهرة زحلا ورايتها في مثل هذا الوقت يوم الاربعــا وقد

جاوزته بقليل وصارت مشتركة عنه بنحـــو ثلث جزويوم

الثلاثاء هو اول يوم من اذرماه سنة ٣٧٠ ليزدجرد ، قران للزهرة

والمريخ في الدلو غربي رايت الزهرة والمريخ وبينهما في العرض

مقدار فتزيكون بالتقريب نصف درجة والزهرة في جنوب

المريخ وهي مستعلية عليه قليلا قدرتها جاوزته بنحو من نصف

درجة وقدرتها اقترنا بعد نصف النهار باثنتي عشرة ساعة

معتدلة يــوم الخميس اول شهر ربيع الاول سنة ٣٩٣ للهجرة

ويوم الخميس هو الثالث والعشرون من ذيماه سنة ٣٧١ ليزدجرد،

قران للمشتري والزهرة في اول الحمل غربي رايتها بعد مغيب

الشمس يوم الخميس بنحو ثلث ساعة والمشتري متقـــدم

للزهرة نحو ثلث جزو واراه في شمالها يسيرا جدا هذا ان

au nord; ce qui montre (1) qu'elle (2) ne l'éclipsa point lors de la conjonction. Je les observai encore la sixième férie, un tiers d'heure [20′] environ après le coucher du soleil. Vénus avoit déjà passé jupiter de deux tiers de degré [40′]. J'ai déterminé leur conjonction à 14^h, heures égales, après midi de la cinquième férie, 13 du mois de rabi second de l'an 393 de l'hégire. Cette cinquième férie étoit le 5 d'asfendarmedmah de l'an 371 d'Izdjerd.

(*Conjonction de vénus et du cœur du lion, observée au Caire le 18 juin 1003, ère vulgaire.*)

Conjonction de vénus et du cœur du lion à l'occident. Je les ai observés après le coucher du soleil, la sixième férie : différence en latitude environ un quart de degré [15′]. Vénus étoit au nord de l'étoile, au milieu entre le point occidental et la dixième maison (3). Il restoit à Vénus peu de chemin à parcourir jusqu'au cœur du lion. J'ai déterminé leur conjonction à 2^h, heures égales, après minuit, 14^h, heures égales, après midi de la sixième férie, 15 de shaaban 393 de l'hégire, 24 de bouné de l'an 719 de Dioclétien, 18 de haziran de l'an 1314 d'Alexandre.

(*Conjonction de saturne et de jupiter, observée au Caire le 7 novembre 1007, ère vulgaire.*)

Conjonction des deux planètes supérieures, saturne et jupiter, observée dans la vierge. Je les vis à l'orient pendant l'aurore

---

(1) Le copiste a omis ici, après هذا les mots بدد طلب ou autres équivalens. Je les ai rétablis dans la traduction.

(2) Le texte porte, *Il ne l'éclipsa pas* لم يكن كسفها c'est peut-être une faute de copiste.

(3) Les plus anciens astronomes divisoient le ciel en douze maisons. On a imaginé par la suite plusieurs manières de faire cette division. Voy. *Joann. de Monte-Regio Tabulæ directionum.* Dans toutes les méthodes, le méridien marque le commencement de la dixième maison.

لم يكن كسفها حين اقترنا ورأيتها بعد مغيب الشمس يوم
الجمعة بنحو ثلث ساعة وقد جاوزت الزهرة المشتري بنحو
ثلثي جز وقدرتها اقترنا بعد نصف النهار يوم الخميس
الثالث عشر من شهر ربيع الاخر سنة ٣٩٣ للهجرة باربع
عشرة ساعة معتدلة او نحوها ويوم الخميس هو الخامس من
اسفندارمد ماه سنة ٣٦٢ ليزدجرد ، قران للزهرة وقلب الاسد
غربي رأيتها بعد المغيب يوم الجمعة وبينها في العرض نحو
ربع درجة والزهرة في شمال قلب الاسد وها في وسط ما بين
الغارب والعاشر بالتقريب وقد بقي للزهرة حتي تلحق بقلب
الاسد يسير فقدرتها اقترنا بعد نصف الليل بساعتين
معتدلتين وذلك بعد نصف النهار يوم الجمعة باربع عشرة
ساعة معتدلة ويوم الجمعة هو يه من شعبان سنة ٣٩٣ للهجرة
وهو اليوم كد من بونه سنة ٣٦٢ لدقلطيانوس وهو اليوم كج من
حزيران سنة ١٣٠٤ للاسكندر بن فيلبس ، قران للكوكبين
العلويين زحل والمشتري في العيان في السنبلة رأيتها

de la sixième férie. Jupiter étoit au midi de saturne : il y avoit entre eux en latitude l'intervalle d'un fetr [40′ environ] à la vue. Le pôle de l'écliptique étoit entre le méridien et l'orient. Le grand cercle qui passe par les pôles de l'écliptique (1) m'indiqua que leur conjonction devoit avoir lieu à midi de la sixième férie, 23 de safar de l'an 398 de l'hégire, 28 d'abanmah 376 d'Izdjerd, 7 de tishrin second de l'an 1319 d'Alexandre, 10 d'athor de l'an 724 de Dioclétien.

Saturne, à midi de cette sixième férie, étoit dans 13° 15′ de la vierge (2) direct, sa vîtesse 4′. Le lieu de jupiter, à midi de cette sixième férie, dans 13° 37′ de la vierge direct. Sa vîtesse 8′; différence entre eux, la sixième férie à midi, 22′. Leur opposition, par conséquent, étoit arrivée, selon la table vérifiée, à 6ʰ environ, heures égales, après midi de la sixième férie, 16 de safar de l'an 398 de l'hégire. En effet, le lieu de saturne, selon la table vérifiée, étoit ce jour-là à midi dans 12° 42′ de la vierge. Le lieu de jupiter, ce jour-là à midi, dans 12° 41′ de la vierge : saturne, par conséquent, plus avancé d'une minute. Cette sixième férie-là étoit le 21 d'abanmah de l'an 376 d'Izdjerd. Je les observai au temps de la prière de l'aurore (3), et je les considérai à mon aise. Ils étoient entre l'orient et le méridien. Jupiter au midi de saturne; leur distance en latitude un

---

(1) Voyez *pag. 192, note* (1).

(2) C'est le lieu de saturne tiré de la table vérifiée, qui est citée trois lignes plus bas. L'auteur a déjà comparé plusieurs fois ses observations avec cette table. Voyez ci-devant, *pages 188, 194, 200, 206*. La copie que j'avois d'abord sous les yeux portoit 13° 45′. Il étoit facile de corriger cette erreur par ce qui suit.

(3) Le 21 d'abanmah, 16 de safar, jour où la conjonction auroit dû avoir lieu, selon la table vérifiée. Cette seconde observation est antérieure à celle que l'auteur a d'abord rapportée. Le passage auroit été plus clair s'il eût mis, *je les avois observés*. L'attention scrupuleuse à coordonner les temps les uns aux autres, n'est pas dans le génie des langues Orientales.

سحر يوم الجمعة في المشرق والمشتري في جنوب زحل بينها

مقدار فتر في راي العين وقطب فلك البروج فيما بين

داير نصف النهار والمشرق ودلت الداير العظيمة التي

تمر بقطبي البروج ان اقترانها نصف النهار يوم الجمعة كح

من صفر سنة ٤٠٠ للهجرة ويوم الجمعة هو اليوم كح من ابان

ماه سنة ٣٦٧ ليزدجرد ويوم الجمعة هو ز من تشرين الاخر من

سنة ١٣١١ للاسكندر وهـــــو اليوم جي من هتور سنة ٧٢٦

لدقلطيانوس وكان زحل نصف النهار يوم الجمعة في

السنبلة يج يــة مستقيم السير بهته اربع دقايـــق ومكان

المشتري نصف النهار يوم الجمعة في السنبلة يج لز مستقيم

السير بهته ثمان دقايق بينها نصف النهار يوم الجمعة كب

دقيقة وكان اقترانها بالممتحن بعد نصف النهار يوم الجمعة

يو من صفر سنة ٤٠٠ للهجرة بنحو ست ساعات معتدلات

بالممتحن مكان زحل نصف النهـــار يوميذ بالممتحن

في السنبلة يب مب ومكان المشتري يوميذ نصف النهار

fetr [40′ environ]. J'évaluai à deux cinquièmes de degré [24′],
le chemin que jupiter avoit à faire pour atteindre saturne (1).

CHAPITRE VI.

*Des moyens mouvemens de la Table vérifiée, de ses équations, du
lieu de ses apogées; des moyens mouvemens de la présente
Table, de ses équations et de ses apogées.*

Moyen mouvement du soleil dans l'année Persane, selon Iahia

(1) Il falloit à-peu-près huit jours à jupiter pour franchir ces 24′ par l'excès de sa vitesse sur celle de saturne; ainsi la conjonction a dû avoir lieu le 28 d'abanmah, 23 de safar, comme l'auteur l'a marqué d'abord.

Cette observation fut la première de ce genre, dont je présentai la traduction au C.ᵉⁿ Laplace, qui m'avoit engagé à entreprendre ce travail, et qui m'en a fait surmonter les difficultés par l'intérêt constant qu'il n'a cessé d'y prendre. Ne connoissant pas encore les observations qui précédoient, ignorant la marche, le but principal de l'auteur, sa manière d'observer, et n'ayant sous les yeux qu'une copie défectueuse, il me fut impossible d'éclaircir d'abord entièrement ce passage. Ce mauvais succès ne me rebuta pas. Le C.ᵉⁿ Laplace regardoit cette observation comme très-importante. Animé par le desir d'être utile à l'astronomie, je parvins à corriger quelques fautes de la copie, et à faire une seconde traduction, qui différoit peu de celle qu'on lit ici. Ce passage isolé présentoit cependant encore des incertitudes : il paroissoit difficile de distinguer

le calcul d'avec les observations, et de décider si la conjonction avoit eu lieu réellement le 23 de safar de l'an 398 de l'hégire [7 novembre 1007, ère vulgaire], ou bien le 16 du même mois de safar [31 octobre 1007, ère vulgaire] c'est-à-dire, huit jours auparavant. Après avoir lû les observations qui précèdent, on ne peut douter que la conjonction ne soit du 23 de safar. Pour donner à la chose encore plus de certitude, le C.ᵉⁿ Laplace m'a engagé à calculer, selon la méthode de l'astronome Arabe, et d'après ses tables, les lieux de saturne et de jupiter pour le 23 de safar de l'an 398 de l'hégire. Si les tables donnent la conjonction pour ce jour-là, il est évident, 1.° qu'elle a été réellement observée le même jour, 2.° que les tables ont été construites d'après les observations de l'auteur : d'où il suit que les lieux déduits de ces tables pour des temps voisins de l'époque de leur construction, peuvent équivaloir à des observations. On verra par le calcul inséré à la fin de cette notice, que les lieux des deux planètes s'accordent parfaitement.

بالممتحن في السنبلة يب ما يزيد عليه مكان زحل دقيقة
واحدة ويوم الجمعة هذا هو كما من ابان ماه سنة ٣٧٣ ليزدجرد رايتها
وقت صلاة الصبح يوم الجمعة هذا وتمكنت من رويتها وهما
في بين دايت نصف النهار والمشرق والمشتري في جنوب
زحل بينهما مقدار قتر في العرض وقدرت الذي بقي للمشتري
ان يلحق بزحل خمسي جز وبالله التوفيق

الباب السادس في اوساط النزيج الممتحن وتعاديله
واماكن اوجاته واوساط هذا الزيج وتعاديله واماكن اوجاته
اما وسط الشمس بمذهب يحيي بن ابي منصور فانه في
السنة الفارسية يا كط مه مد يد ثالثة يكون مبسوطها
شنط مه مد يد واما جملة تعديلها فانه ا نط دقيقة واما مكان
اوجها فانه في الجوزا كب لط وذلك في سنة ١٩٩ ليزدجرد وهي
سنة ٢١٥ للهجرة وهي السنة التي كان فيها الرصد واما في هذا
الزيج الحاكمي فان وسط الشمس فيه في السنة الفارسية يا كط
مه م جح مد رابعة يكون مبسوطها شنط مه م جح مد واما جملة

ebn Aboumansour (1), 11ˢ 29° 45′ 45″ 14‴, en degrés, 359°
45′ 45″ 14‴ (2); sa plus grande équation, 1° 59′ (3); le lieu de
son apogée, l'an 199 d'Izdjerd, 215 de l'hégire (4), année dans
laquelle furent faites les observations (5), dans les gémeaux,
22° 39′.

Dans cette table Hakémite, le moyen mouvement du soleil,
dans l'année Persane, est de 11ˢ 29° 45′ 40″ 3‴ 44⁗, en degrés,
359° 45′ 40″ 3‴ 44⁗; sa plus grande équation, 2° 0′ 30″; son
apogée dans les gémeaux, 26° 10′, l'an 372 d'Izdjerd (6), année
à laquelle se rapportent les apogées des cinq autres planètes.

Moyen mouvement de la lune dans l'année Persane, selon
Iahia ebn Aboumansour, 4ˢ 9° 23′ 5″ 51‴ (7), et dans cette table,
4ˢ 9° 23′ 1″ 58″ 50⁗ 34⁗⁗; son mouvement propre, dans la
table de Iahia pour l'année Persane, 2ˢ 28° 43′ 7″ 28‴ 41⁗ (8).
Il est presque le même dans cette table, mais seulement plus petit
de 20′. Moyen mouvement du nœud, selon Iahia, dans l'année
Persane, 19° 19′ 33″ 40‴ (9); et dans cette table, 19° 19′ 44″
21‴ 48⁗. La plus grande équation, selon Iahia, 5° (10), et dans
cette table, 4° 48′.

Moyen mouvement de saturne dans l'année Persane, selon
Iahia, 12° 13′ 39″ 33‴ (11), et dans cette table, 12° 13′ 36″.
L'équation du centre est la même dans les deux tables, 6° 31′,
comme dans Ptolémée. L'équation de l'épicycle est aussi la même

---

(1) Voyez ci-devant, *pag. 42*,
note (3).

(2) 359° 45′ 24″ 45‴ 21⁗, selon
Ptolémée.

(3) 2° 23′, selon Ptolémée.

(4) 28 avril, ère vulgaire.

(5) Iahia observa, la même année,
l'équinoxe d'automne rapporté ci-devant, p. 130.

(6) 16 mars 1003, ère vulgaire.

(7) 129° 22′ 46″ 13″ 50⁗, selon
Ptolémée.

(8) 88° 43′ 7″ 28″ 41⁗, selon
Ptolémée.

(9) 19° 20′ 0″ 58″ 54⁗, selon
Ptolémée.

(10) 5° 1′, selon Ptolémée.

(11) 12°13′23″56″30⁗, sel. Ptol.

تعديلها

تعديلها فانه ب . ل ثانية واما مكان اوجها فانه كان في الجوزا

في كوي دقايق في سنة ٣٧٢ من سني يزدجرد ولهذن السنة

بعينها اوج كل واحد من الكوكب الخمسة الباقية واما القمر

فان حركته عند يحيا بن ابي منصور في السنة الفارسية د ط

كج ه نا ثالثة وهي في هذا الزيج د ط كج انح ن لد خامسة

واما خاصة القمر في زيج يحيي فالها في السنة الفارسية ب كج

يج ز كح ما رابعة وكذا هوفي هذا الزيج الا الها في هذا الزيج

اقل منها في زيج يحيي بعشرين دقيقة واما وسط الجوزهر

في زيج يحيي فانه في السنة الفارسية . يط يط لج م ثالثة وهو

في هذا الزيج . يط يط مد كا يح رابعة واما جملة تعديل

القمر فانه عند يحياه وهي خمس درج سوا وهوفي هذا الزيج

ة يح دقيقة واما زحل فان وسطه عند يحيا في السنة الفارسية

. يب يج لط لج ثالثة وهوفي هذا الزيج . يب يج لو ثانية واما

تعديل مركزه فانه في الزيجين متساو وهوو لا دقيقة وكذا هو عند

بطلميوس واما تعديله الاوسط فانه متساو في الزيجين زيج يحيا

E e

dans les deux tables, 6° 13', comme dans Ptolémée. Apogée de saturne, l'an 199 d'Izdjerd, selon Iahia, 8ˢ 4° 30'; dans cette table, 8ˢ 10° (1).

Moyen mouvement de jupiter dans l'année Persane, selon Iahia, 1ˢ 0° 20' 38" 12''' (2); et dans cette table, 1ˢ 0° 20' 33". L'équation du centre est égale dans les deux tables, 5° 15'. Équation de l'épicycle pareillement égale dans les deux tables, 11° 3'. Apogée, l'an 199 d'Izdjerd, selon Iahia, 5ˢ 22° 32'; dans cette table, 5ˢ 23° 35' (3).

(1) Le texte Arabe porte 1ˢ 0° 20' 33"; c'est le moyen mouvement de jupiter dans l'année Persane, selon Ebn Iounis, rapporté deux lignes plus bas, et que le copiste a mis ici par erreur. Ebn Iounis traite des apogées dans le chapitre VIII : c'est là que j'ai pris celui de saturne pour le premier de l'an 372 d'Izdjerd [16 mars 1003, ère vulgaire]. Plusieurs des apogées marqués chap. VIII, diffèrent de ceux qu'on lit ici (chap. VI), quoiqu'ils soient rapportés dans les deux endroits à la même époque, le premier jour de l'an 372 d'Izdjerd, 16 mars 1003, ère vulgaire. Les apogées tirés du chap. VIII, se trouvent encore à la tête des tables du moyen mouvement de chaque planète, ce qui me fait croire que ce sont ceux auxquels il convient de s'arrêter. A la tête des tables de saturne on trouve pour l'apogée 8ˢ 6°; mais le chiffre 6 est d'une encre plus récente, et cette correction doit être suspecte, les apogées des autres planètes marqués au haut des tables étant précisément ceux du chap. VIII.

Dans ce même chapitre VIII, Ebn Iounis rapporte deux observations faites par les Perses, postérieurement à Ptolémée, qui ont servi à reconnoître le mouvement de l'apogée du soleil que Ptolémée croyoit immobile. Par la première de ces observations qui remonte à l'an 470 environ, ère vulgaire, l'apogée du soleil fut trouvé dans 17° 55' des gémeaux; et par la seconde, 160 ans environ après, 630 ère vulgaire, dans 20° des gémeaux. Il fut trouvé en 830, ère vulgaire, dans 22° 40' des gémeaux (23° 39', ci-devant p. 216), par les auteurs de la table vérifiée, dans 24° 33' par Aboulcassem Ahmed ebn Moussa ebn Shaker, en 851, ère vulgaire (ci-devant, p. 156). Enfin Ebn Iounis l'observa avec le plus de soin qu'il lui fut possible, l'an 372 d'Izdjerd [1003 ère vulgaire], et le trouva dans 26° 10' des gémeaux.

(2) 30° 20' 22" 52''' 52'''', selon Ptolémée.

(3) 5ˢ 25° pour la même époque, chap. VIII, et en tête de la table du moyen mouvement de jupiter.

وهذا الزيج وجملته ويج دقيقة وكذا هو عند بطلميوس واما مكان

اوجه فانه عند يحيا ح د ل دقيقة وذلك في سنة ٤٤٠ ليزدجرد وهو

في هذا الزيج ا . ك لج واما المشتري فان وسطه في السنة

الفارسية عند يحيا ا . ك لج يب ثالثة وهو في هذا الزيج ا . ك

لج ثانية وتعديل المركز في الزيجين متفق وهو ه يه دقيقة واما

التعديل الاوسط فانه ايضا في الزيجين متفق وهو ياج دقايق واما

اوجه فانه عند يحيا ه كب لب دقيقته في سنة ٤٤٠ ليزدجرد

وهو في هذا الزيج هكج له واما المريخ فان وسطه في السنة

الفارسية عند يحيا ويا يـنـزيز كز ثالثة وهو في هذا الزيج

ويا يز ط مو ب رابعة واما تعديل مركزه عند يحيا فانه يا كه

دقيقة وكذا هو في هذا الزيج واما تعديله الاوسط فانه عند يحيا مآ

ط دقيقة وكذا هو في هذا الزيج فاذن تعاديل الكواكب الثلاثة

العلوية التي هي زحل والمشتري والمريخ في زيج يحيا وفي هذا

الزيج متفقة وموافقة لما في زيج بطلميوس واما مكان اوج المريخ في

زيج يحيا ج لج وهو في هذا الزيج ده لو واما حركة خاصته

Moyen mouvement de mars dans l'année Persane, selon Iahia, 6ˢ 11° 17′ 17″ 27‴ (1); et dans cette table, 6ˢ 11° 17′ 9″ 46‴ 2⁗. L'équation du centre, 11° 25′ selon Iahia, est la même dans cette table. Équation de l'épicycle, 41° 9′ selon Iahia et cette table. Ainsi les équations des trois planètes supérieures, saturne, jupiter et mars, sont les mêmes dans les deux tables et dans celle de Ptolémée. Apogée de mars, selon Iahia, 3ˢ 3° 33′; et dans cette table, 4ˢ 5° 36′ (2).

Le mouvement propre de vénus dans l'année Persane, est, selon Iahia, 7ˢ 15° 2′ 0″ 2‴; et dans cette table, 7ˢ 15° 2′ 24″ 20‴ (3). L'équation du centre, selon Iahia, 1° 59′ (4), comme l'équation du soleil; et dans cette table, 2° 0′ 30″, comme l'équation du soleil dans cette table. L'équation de l'épicycle, selon Iahia, 45° 59′, comme dans Ptolémée (5); dans cette table, 46° 25′. Le lieu de son apogée, le même que celui du soleil.

Moyen mouvement de mercure dans l'année Persane, selon la table d'Iahia, 1ˢ 23° 56′ 42″ 33‴ (6); et dans cette table, 1ˢ 23° 56′ 50″. L'équation du centre, 3° 2′ selon Iahia (7); 4° 2′ dans cette table. L'équation de l'épicycle, 22° 2′ selon Iahia (8); 22° 24′ dans cette table : son apogée, selon Iahia, 6ˢ 21° dans le 21.ᵉ degré de la balance, au temps de son observation; et dans cette table, 6ˢ 22° 3′ (9).

---

(1) 191° 16′ 54″ 27‴ 38⁗, Ptol.

(2) 4ˢ 10°, pour la même époque, chap. VIII, et en tête de la table du moyen mouvement de mars.

(3) 7ˢ 15° 1′ 32″ 28‴ 34⁗, Ptol.

(4) 2° 24′, Ptolémée. On a mis, par erreur, dans l'édition Latine de l'Almageste de 1551, 2° 54′, 2° 58′ au lieu de 2° 14′, 2° 18′ vis-à-vis de 72 et 78.

(5) L'édition Latine de Ptolémée, de 1551, porte 45° 19′; le texte Grec imprimé, 45° 55′.

(6) 53° 56′ 42″ 32‴ 32⁗, Ptol.

(7) Et selon Ptolémée. La traduction Latine imprimée en 1551, porte 2° 12′ au lieu de 2° 52′ dans la première des deux colonnes qui composent cette équation.

(8) Comme dans Ptolémée.

(9) 6ˢ 23° 30′, chap. VIII.

الزهرة في السنة الفارسية فانها عند يحيا زيد ب ب ثالثة

وهو في هذا الزيج زيه ب كدك ثالثة واما تعديل المركز

عند يحيا فانه مثل تعديل الشمس أنط وهو في هذا الزيج

ب . ل ثانية مساو لتعديل الشمس فيه واما تعديلها الاوسط

عند يحيا فانه مـــه نط وكذا هو عند بطلميوس وهو في هذا

الزيج موكه دقيقة واما مكان اوجهـا فانه مساو لمكان اوج

الشمس واما عطارد حركته الوسطي في زيج يحيا في السنة

الفارسية اكج نو مب لج ثالثة وهو في هذا الزيج أكج نون

ثانية واما تعديل مركزه عند يحيا فانه ج ب دقايق وهو في

هذا الزيج د ب دقايق واما تعـــديله الاوسط عند يحيا فانه

كب ب دقايق وهو في هذا الزيج كب كد دقيقة ومكان

اوجه عند يحيا وكا يكون في الميزان في احدا وعشرين درجة

سوا التاريخ رصك وهو في هذا الزيج وكب ج

LE CHAPITRE VI de l'ouvrage d'Ebn Iounis, qui termine cet extrait, renfermant les principaux élémens des tables de l'auteur, je vais y joindre, en attendant que je fasse connoître le reste de ce que contient le manuscrit de Leyde, 1.° deux autres élémens déterminés pareillement par un grand nombre d'observations ; 2.° les moyens mouvemens tirés des tables, pour le commencement de l'an 391 de l'hégire, correspondant au 30 novembre de l'an 1000 de l'ère vulgaire, à midi, temps moyen au Caire.

Obliquité de l'écliptique, 23° 35' (Ebn Iounis, chapitre XI).
Mouvement de l'apogée du soleil en 365 jours, 51" 14''' 43'''' 59''''', 1° en 70 années ½ (Ebn Iounis, chapitre VIII).
Longitude moyenne du soleil pour le 30 novembre de l'an 1000, ère vulgaire . . . . 8ˢ 14° 45' 57" 6'''.
Longitude de son apogée . . . . 2ˢ 26° 8' 2" 27''' (1).
Longitude moyenne de la lune . . . . 9ˢ 0° 41' 12" 25'''.
Anomalie . . . . 11ˢ 9° 51' 23" 12'''.
Longitude moyenne du nœud . . . . 11ˢ 21° 27' 3" 33'''.
Longitude moyenne de saturne . . . . 2ˢ 6° 1' 2" 19'''.
Longitude moyenne de jupiter . . . . 10ˢ 0° 41' 52" 29'''.
Longitude moyenne de mars . . . . 9ˢ 10° 43' 18" 29'''.
Mouvement propre (anomalie) de vénus . . 9ˢ 22° 36' 8" 22'''.
Mouvement propre de mercure . . . . 10ˢ 7° 45' 23" 18'''.

J'ajouterai pareillement ici les observations suivantes, afin de réunir dans cet extrait toutes celles que j'ai pu découvrir jusqu'à présent dans les auteurs Arabes.

(2) J'ai trouvé vénus tout près du cœur du lion, le matin du jour de meher (le 16) du mois de shahrirmah de l'an 334 d'Izdjerd.

J'ai vu, le jour de mah (le 12) de shahrirmah, l'an 322 d'Izdjerd, vénus et mercure tout près l'un de l'autre, 45'; heures égales, après le commencement de la nuit.

(1) J'ai déduit cette longitude de celle donnée ci-dessus, *pag. 216*, pour l'an 372 d'Izdjerd, 16 mars 1003, ère vulgaire.

(2) Ces observations, dont l'auteur est Abousehel . . . . . [الروحي] sont consignées dans un manuscrit rapporté d'Égypte par le C.ᵉⁿ Reiche, un de mes anciens disciples. Ce manuscrit, que je n'ai fait que parcourir rapidement, renferme un grand nombre de Traités astronomiques et mathématiques. Il a été copié à Shiraz, vers l'an 558 de l'hégire [968-969, ère vulgaire]. J'ignore dans quel endroit ont été observées les conjonctions que je rapporte ici.

J'ai vu, le soir du jour de tir (le 13) du mois de bahman, l'an 322 d'Izdjerd, mercure près de l'extrémité méridionale du croissant, et comme y étant suspendu, 12', heures égales, après le commencement de la nuit.

J'ai vu, le jour d'aniran (le 30) du mois de khordad de l'an 328 d'Izdjerd, mercure et jupiter à l'occident, tout près l'un de l'autre, et ne formant qu'une seule planète.

(1) Solstice d'été arrivé à Bagdad la septième férie, 27 safar de l'an 378 de l'hégire, 16 haziran [juin] 1299 d'Alexandre, 30 khordadmah de l'an 357 d'Izdjerd; distance du tropique au zénit, 7° 50'; obliquité de l'écliptique, 23° 51' (2).

Équinoxe d'automne observé à Bagdad, la troisième férie, 4 de joumadi second de l'an 378 de l'hégire, 4 de mehermah de l'an 357 d'Izdjerd, 18 eiloul [septembre] 1299 d'Alexandre, à 4 heures, depuis le commencement du jour.

Calcul des lieux de saturne et de jupiter pour le 23 safar de l'an 398 de l'hégire, à midi, temps moyen au Caire, d'après les tables d'Ebn Iounis. *(Voy. ci-devant, pag. 214, note (1))*.

Calcul pour Saturne.

Moyen mouvement du soleil........... 7ˢ 22° 23' 42" 37‴.
Moyen mouvement de saturne.......... 5ˢ 0° 54' 1" 53‴.
Mouvement propre de saturne.......... 2ˢ 21° 29' 40" 44‴.
Apogée de saturne................ 8ˢ 10° 3' 57".
Retrancher l'apogée de saturne du moyen
   mouvement, pour avoir le centre moyen 8ˢ 20° 50'.
Équation pour 8ˢ 2° 50', 6° 28' à ajouter
   au moyen mouvement pour avoir le lieu
   de l'épicycle.................... 5ˢ 7° 22' 1" 53‴.
Ajouter l'équation du centre moyen pour
   avoir le centre vrai............... 8ˢ 27° 18'.
Retrancher l'équation du mouvement propre, pour avoir le mouvement propre
   rectifié....................... 2ˢ 15° 1' 40" 44‴.
Minutes correspondantes au centre égalé
   8ˢ 27° 6' additives. Équations correspondantes au mouvement propre rectifié
   2ˢ 15°; dans la 4.ᵉ colonne, 5° 49'; dans

---

(1) Les deux observations suivantes sont extraites du Catalogue des Mss. Arabes de la bibl. de l'Escurial, publié par le savant Casiri, *tom. I.ᵉʳ, p. 441.*

Elles ont été faites par Abousehel Alcouhi, astronome de Sharaf eddoulat, de la dynastie des Bouides.

(2) Comme dans Ptolémée.

la 5.ᵉ colonne, 21' dont il faut prendre les $\frac{52}{60}$ ou $\frac{13}{15}$ pour avoir l'équation juste 5° 11' 6", qu'il faut ajouter au centre égalé, pour avoir la distance à l'apogée,   9ˢ 3° 9' 17".

Ajoutant l'apogée,................ 8ˢ 10° 3' 57".

Lieu de saturne,................ 5ˢ 13° 13' 14".

Calcul pour Jupiter.

Moyen mouvement du soleil......... 7ˢ 22° 23' 42" 37ᵗ.

Moyen mouvement de jupiter......... 5ˢ 1° 20' 58' 51ᵗ.

Mouvement propre de jupiter......... 2ˢ 21° 2' 43" 46ᵗ.

Apogée de jupiter (1).............. 5ˢ 25° 3' 57".

Retrancher l'apogée de jupiter du moyen mouvement, pour avoir le centre moyen 11ˢ 6° 17' 1".

Équation pour 11ˢ 6° 17', 2° 0' 50" à ajouter au moyen mouvement, pour avoir le lieu de l'épicycle......... 5ˢ 3° 21' 48" 51ᵗ.

Ajouter l'équation au centre moyen, pour avoir le centre vrai.............. 11ˢ 8° 17' 51".

Retrancher l'équation du mouvement propre, pour avoir le mouvement propre rectifié.................... 2ˢ 19° 1' 53".

Équation pour 2ˢ 19° de mouvement propre rectifié, et 11ˢ 8° de centre égalé, 9° 52' qu'il faut ajouter au centre vrai, pour avoir la distance à l'apogée.... 11ˢ 18° 9' 51".

Ajoutant l'apogée,................ 5ˢ 25° 3' 57".

Lieu de jupiter................ 5ˢ 13° 13' 48".

Ce lieu ne diffère, comme on voit, que de quelques secondes de celui de saturne, 5ˢ 13° 13' 14" trouvé précédemment. La conjonction des deux planètes est donc arrivée le 23 safar de l'an 398 de l'hégire, 7 novembre 1007 de l'ère vulgaire.

(1) Je me suis servi de l'apogée de jupiter 5ˢ 25°, pour l'an 372 d'Izdjerd [16 mars, 1003 de l'ère vulgaire], en y ajoutant le mouvement jusqu'au 7 novembre 1007, ère vulgaire; je me suis servi, dis-je, de cet apogée marqué chapitre VIII, et répété en tête de la table du moyen mouvement de jupiter, et non de celui 5ˢ 23° 35', marqué chap. VI (ci-devant p. 218).